武当山紫霄大殿

维修工程与科研报告

湖北省文物局　编著

祝　笋　祝建华　主编

文物出版社

封面设计：飞　扬

责任印制：陆　联

责任编辑：李　莉

图书在版编目（CIP）数据

武当山紫霄大殿维修工程与科研报告／湖北省文物局编著.
—北京：文物出版社，2009.3
ISBN 978-7-5010-2408-7

Ⅰ．武…　Ⅱ．湖…　Ⅲ．武当山—寺庙—修缮加固—科学研究
—研究报告—中国　Ⅳ．TU746.3

中国版本图书馆 CIP 数据核字（2009）第 034874 号

武当山紫霄大殿维修工程与科研报告

湖北省文物局　编著

祝笋　祝建华　主编

文物出版社出版发行

北京东直门内北小街2号

http：//www.wenwu.com

E-mail：web@wenwu.com

北京燕泰美术印刷有限公司印刷

新华书店经销

889 × 1194　1/16　印张：14.5

2009 年 3 月第 1 版第 1 次印刷

ISBN 978-7-5010-2408-7

定价：248.00 元

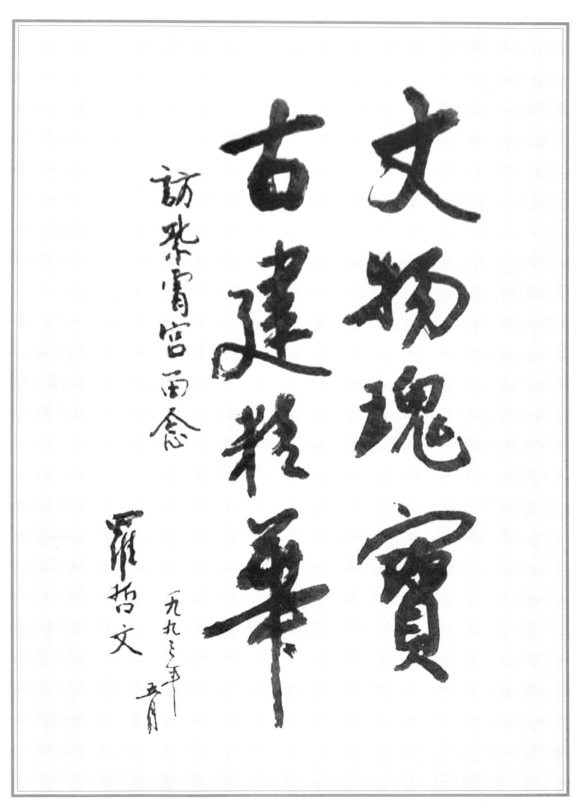

文物瑰宝
古建精华

访紫霄宫两念

罗哲文

一九九三年
五月

我国著名古建筑专家、国家文物局专家组组长罗哲文对紫霄大殿维修工程进行验收并题辞

目　　录

序 9

第一章　概述 11

第二章　紫霄大殿勘查 13

一、地理位置与环境 13

二、建筑勘查 13

    1. 历史沿革 13

    2. 现状勘查 14

    3. 建筑隐患与病害分析 20

    4. 测绘 20

    5. 管理机构与保护状况 40

第三章　紫霄大殿文物价值评估 41

一、文物保护级别 41

二、历史价值 41

三、艺术价值 41

四、科学价值 42

第四章　紫霄大殿修缮设计方案 44

一、设计方案说明 44

1. 设计依据 44

2. 工程目的 44

3. 设计原则与指导思想 44

4. 工程范围与规模 45

5. 保护措施 45

6. 施工注意事项与要求 51

7. 工程计划与概算 52

二、修缮工程实施细则 53

三、修缮方案设计图纸 64

第五章　紫霄大殿修缮工程竣工技术报告 107

一、修缮工程遵循的原则与规定 108

1. 修缮原则 108

2. 修缮规定 108

二、修缮技术要点 109

1. 木构架维修 109

2. 斗栱维修 112

3. 木装修维修 112

4. 屋面维修 113

5. 油漆彩绘 113

6. 防虫防腐 114

7. 台基、月台、崇台维修 115

8. 屋面荷载 115

9. 防地震与雷电 116

三、工程目标的完成与质量评估 117

四、施工中的几点发现 117

第六章　紫霄大殿修缮工程科技成果 119

一、中国古代木结构体系的巅峰杰作——紫霄大殿营造做法研究 119

1. 明永乐中期是《营造法式》嬗变到《工程做法》的关键时期 119

2. 明代宫殿建筑的标本 122

3. 木结构营造技术的奇葩 123

4. 官式建筑承前启后的典范 127

二、木构建筑防治虫害的新技术——紫霄大殿利用昆虫嗅觉长效熏杀和驱赶白蚁等

害虫的科研报告 130

1. 概况 130

2. 木构件中的主要虫害 130

3. 利用昆虫嗅觉采取药物熏杀的新方法 131

4. 新方法的科学原理 131

5. 新方法的实用性 133

附　录 134

一、联合国教科文组织国际古迹遗址理事会专家考察施工现场 134

二、国家文物局专家组验收报告 134

三、湖北省政府召开紫霄大殿维修工程专题会议纪要 139

四、其他 143

后　记 148

武当山紫霄大殿维修工程图片 149

序

匆匆三十余年，弹指一挥间。三十五年前我登上这道教名山，而今国家重点文物保护单位、国家风景名胜区和世界文化遗产地——武当山的情景，如在眼前。我第一次登武当山，还是在文化大革命的中期，那时正值周恩来总理抓文物保护、文物外交的时候。1973年刚刚成立了国家文物事业管理局，王冶秋任局长，刘仰峤任书记。仰峤同志过去对文物工作不熟悉，为了了解文物情况，拉着我考察古建筑，拍照片。在一两年的时间里，他看的文物保护单位，比局里不少人还多。他有一次对我说，虽然曾在中南、西南地区做过领导工作，但久慕武当山之名，还没有登过，听说那里的古建筑很好，要我陪他去看一下。我当然是喜出望外了，因为我也早已想找一个机会去了。可惜当时局势还不稳定，加之仰峤同志登山引发了心脏病，未能至顶，引以为憾，但还是到了紫霄宫。我因是做古建筑工作的，对紫霄宫的建筑匆匆进行了一般的了解。当时的印象，一是紫霄宫建筑价值重要，二是自然和人为的破坏十分严重，亟待保护维修。我们回京后虽然将此情况向局里反映，但由于当时的政治情况和经济条件的限制，不能对这一重要古建筑进行维修。而武当山的古建筑群和紫霄宫的维修却一直在我的心中萦绕。

粉碎"四人帮"之后，改革开放使文物古建筑迎来了又一个春天。国民经济的好转和对文物古建筑的重视及对武当山古建筑群重大价值的认识，使紫霄宫大殿的重点维修和世界文化遗产的申报提上了日程，我又第二次上了武当山。

第二次上武当山是1993年，受丹江口市政府邀请，我和单士元先生、郑孝燮先生三驾马车同行，还有省、市的同志，为武当山古建筑群申报世界文化遗产作考察。来到武当山，并登上了金顶。考察项目中就有正在维修中的紫霄大殿，给我们留下了深刻的印象。一是维修工程遵照了"不改变文物原状"的原则；二是工地管理的井井有条；三是修缮很认真，质量很好。考察中，大家都很高兴，应道教协会的邀请，我为紫霄殿题写了"文物精华，古建瑰宝"。单老、郑老也都题了辞。可惜的是，我在武当山拍回的胶卷很多还没有来得及冲洗，回家后竟被我好奇的小孙女拉出曝了光，看了个稀奇，真使我哭笑不得。于是有了第三次上山，1996年受国家文物局派遣，我随同专家组到武当山参加紫霄大殿维修工程竣工验收。说到这次验收，还有必要先说一下武当山及紫霄大殿。

武当山，又名太和山，位于中国湖北省丹江口市境内，方圆400公里。主峰天柱峰，海拔高度1612米，如擎天一柱，拔地冲霄，周围七十二峰拱立、二十四涧环流，灵岩奇洞幽藏其间，白云绿树交相笼映，蔚为壮观。明代地理学家徐霞客游此盛赞"山峦清秀，风景幽奇"。

武当山道教建筑，始建于唐贞观年间（627～649年），宋代又有增建。元世祖忽必烈入主中原后，利用道教笼络人心，在皇室的资助下，进一步扩大了建筑规模。朱元璋之子朱棣自称真武化身，他继位后，永乐十年至二十一年（1412～1423年），派遣工部大臣率军民工匠30万人，在武当山大兴道教宫观，经十二年的营建，形成了八宫、九观、三十六庵堂、七十二岩庙的庞大建筑群。其规模之大，堪与同时修建的北京宫殿相比，是当时明王朝最大的两处皇家工程之一。同时，皇帝下令拨流徙犯人到武当山拓荒，供养宫观；令均州驻军专一巡视山场，着役洒扫宫观；派遣内臣提调事务，"设官铸印"以守；封为"大岳太和山"。武当山至此成为明皇家庙观。明成祖后的二百多年间，历代皇帝登基都遵从祖制，委派亲信重臣对全山建筑进行维修保护和管理，使之得到很好的传承。特别是嘉靖三十一年（1552年），明世宗对武当山又进行全面维修和扩建，并赐名"玄岳"，建"治世玄岳"牌坊以示旌表，进一步扩大了武当山的规模。

武当山古建筑群分布在以主峰天柱峰为中心的群山之中，总体规划严密，主次分明，大小有序，布局谨严而又灵活。注重建筑环境选择，讲究山形水势，聚气藏风，并考虑了各建筑单元的间距疏密；建筑设计规制严谨，或宏伟壮观，或小巧精致，或深藏山坳，或频临险崖，十分注重与环境的协调，具有优美的建筑韵律。又注重"天人合一"，达到了建筑与自然的高度和谐，是具有天才创造力的规划与建筑杰作。

紫霄大殿建于明永乐十年（1412年），是武当山现存最大的木结构建筑，也是全国保存最好、文物真实性很高的官式宫殿建筑。它是中国古代木结构建筑这段历史时期承上启下的标本，具有重大的历史、艺术、科学价值。大殿在营造法式上的变革反映在诸多方面，读者可参阅本书的科研成果章节："中国古代木结构体系的巅峰杰作——紫霄大殿营造法式研究"。

紫霄大殿维修工程的成功，主要在于它彻底解除了大殿多年存在的隐患，修复了自然与人为造成的破坏。维修质量很好，专家组一致推荐申报文物修缮工程优质奖，这里就不赘述。但我在这里要强调，这个工程做得好的意义，不仅仅是工程质量，更重要的是它结合工程进行科研。

此工程不仅在制定维修设计方案之前就进行了深入的调查研究，使方案设计更加科学合理，以保证工程的质量，而且在施工中产生了一批重要的科研成果。我认为这一点是值得称道和推广的。因为古建筑的结构和历史艺术价值大多隐藏于整体结构之中，不是一般的考察测绘所能解决的，古建筑的大修工程正是一个难得机会。过去的例子很多，如上世纪50年代、70年代进行的大同善化寺普贤阁、河北正定隆兴寺摩尼殿的修缮，在落架大修中不仅更好地分析了形制与结构，而且发现了藏于斗栱梁架内部的题字。还有正定花塔，原来一直认为是金代的，在大修中发现了灰皮下的北宋题记，多年争论的学术问题也都解决了。我认为，在文物古建筑的保护维修中进行科研并获得科技成果这是一项十分重要的内容，紫霄宫大殿的保护维修工程在这方面是值得肯定的。

紫霄大殿此次维修工程的又一个成功之处也不能不提，那就是精心施工中对殿内文物的保护。殿内有很多珍贵的铜质神像和其他塑像、器物以及建筑彩画等，都是珍品，与建筑的价值同等重要。在工程验收中我特别注意到殿内文物依然完好如旧，与我二十多年前所见无异，这也是所有文物古建筑维修工程中必须注意的。

紫霄大殿维修工程竣工验收已经过去十多年了，湖北省文物局等部门将这一重点古建筑维修工程的经过和科研成果整理出版，它不仅为当代古建筑文物保护维修提供了很好的参考借鉴，而且也将为这一全国重点文物保护单位、世界文化遗产留下珍贵的科学记录档案，传之后世，可谓功莫大焉。书的编者知我数十年来对武当山结下的不解之缘和深厚感情，特嘱我为序，于是写了以上的短语冗言和粗浅认识，请教方家高明，并借以为对此书出版之祝贺。

罗哲文

二〇〇八年一月六日

第一章 概 述

　　武当山，又名太和山、仙室山，位于湖北省西北部丹江口市境内。处于秦岭山脉大巴山东段，与南水北调中线工程水源地——丹江口水库相依。武当山方圆400公里，自然风景美妙神奇，独具特色。有嵯峨叠嶂的七十二峰，流香溢翠的二十四涧，云飘雾绕的三十六岩等。主峰天柱峰海拔1612米，如一柱擎天，拔地冲霄，其他群峰呈环状排列，形成万山来朝之势，灵岩奇洞深藏其间，云浮雾腾，紫翠千里，是世界文化遗产武当山古建筑群所在地，也是国家重点风景名胜区，著名道教胜地。

　　武当山自唐代皇家敕建宫观以来，受到历代帝王的高度重视，至明代达到鼎盛。明永乐十年（1412年），明成祖朱棣动用了国库大量银粮，征召军民工匠30余万人，命隆平侯张信、工部侍郎郭琎及驸马都尉沐昕等500余人，临山督工营建武当宫观。历时12年，从古均州城净乐宫到天柱峰金殿，用青石铺就长达140华里的古道，沿途修建了八宫、九观、三十六庵堂、七十二岩庙、三十九桥梁、十二亭台等庞大的建筑群，建筑总面积达160万平方米，誉为"五里一庵十里宫，丹墙翠瓦望玲珑"，建筑规模之大、耗费之巨，前无古人，后无来者。

　　明代初期兴建的皇家宫观建筑群，是动用国家力量、一次性规划、一次性建成的规模庞大的建筑群。其总体规划严密，主次分明，大小有序，布局合理。建筑注重环境选择，讲究山形地脉，聚气藏风，与自然高度和谐，是具有天才创造力的建筑杰作。古建筑群类型多样，几乎概括了明代各种建筑形式，且工艺精良，用材讲究，达到了很高的技术水准，在中国皇家庙观中是绝无仅有的例证。

　　1995年，联合国教科文组织将武当山古建筑群列为世界文化遗产。

　　紫霄宫是武当山古建筑群中保存最为完好的宫殿，它背靠形同旌旗的展旗峰，面对三公、五老、宝珠诸峰，左右为蓬莱峰、福地峰，前有大小宝珠峰，一泓清泉顺山势蜿蜒流淌，是武当山风水最上乘的福地。紫霄宫始建于北宋宣和四年（1122年），名"紫霄元圣宫"，元至元元年（1335年）重修，明永乐十年（1412年）重建，嘉靖三十一年（1552年）扩建，清代多次修缮和增补，占地面积约6万平方米。紫霄宫坐西朝东，中轴对称布局，依次有禹迹桥、龙虎殿、御碑楼、十方堂、钟楼、鼓楼、紫霄大殿、父母殿、东西配殿、东西配房、东宫院、西宫院、道房、神厨和南天门、威烈观等建筑。

　　紫霄大殿是紫霄宫的主体建筑，坐落在海拔809米的山峦台地上。大殿为砖木结构，重檐歇山式，面阔、进深均为五间，通高20.16米。殿内八角藻井浮雕蟠龙戏珠，天花、斗栱、梁、枋遍饰彩画，，雕梁画栋，大气辉煌。建筑结构设计精巧、比例适度、造型庄重、文物真实性高，是武当山中最具代表性的宫殿木构建筑，为明代初年典型的官式做法。1982年，由国务院公布为第二批全国重点文物保护单位。

　　紫霄大殿自建成后，历代均有修缮，最后一次大修是在清光绪十四年（1888年），迄今已有一百多年，远远超过了木构建筑大修的周期。

1989年，鉴于紫霄大殿严重漏雨以及屋面瓦件脱落的情况，武当山道教协会呼吁抢修紫霄大殿。当地政府和省宗教部门也向省文物部门报告了险情。湖北省委、省政府非常重视紫霄大殿出现的险情，决定对其进行修缮。1992年，成立了以副省长韩南鹏同志为组长的湖北省武当山紫霄大殿维修工程领导小组，成员由文化、宗教及地方政府负责人组成，并抽调省内优秀的工程技术人员专门负责维修技术工作。维修资金预算为人民币150万元，由省文化部门、宗教部门、地方政府自筹，各出三分之一。

紫霄大殿的维修是湖北省第一次由副省长挂帅，以省内自己的技术力量进行的大规模的古建筑维修工程。

第二章　紫霄大殿勘查

一、地理位置与环境

紫霄宫位于武当山脉中段，东经111°00′02″，北纬32°25′35″。该处地质结构为距今10至13亿年的中新元古界酸性火山岩、基性岩及沉积砂页岩的变质岩。由于地壳运动，展旗峰与香炉峰、蜡烛峰相对突起，中间下沉为深谷，剑河蜿蜒流过，紫霄殿坐落在展旗峰突起的第二级台地上，地质状况良好。

紫霄大殿海拔809米，坐落在三层崇台之上，台边古柏虬枝戟天，浓荫蔽地。大殿后有天乙真庆泉，为"厌胜"。泉上置玄武石雕，泉水经龟口流出，设计十分巧妙。泉两边设"金沙坑"、"银沙坑"，供香客取水，既神秘又实用。

紫霄宫是武当山环境最为清幽的宗教场所，是道教著名的"洞天福地"。

二、建筑勘查

1.历史沿革

紫霄宫始建于北宋宣和四年（1122年），徽宗赵佶奉信道教，自称教主道君皇帝，下令在全国的洞天福地修建道观，据"甲午劫火，主者挈之南游"，在武当山展旗峰下修筑道观，赐名"紫霄元圣宫"。在皇帝的倡导下，紫霄元圣宫很快成为"神仙炼性修心之所，国家祈福之庭"。南宋宁宗庆元六年（1200年），金兵南下，宣慰孙嗣将治所迁到紫霄宫，据此率兵抗金十六年。南宋灭亡之际，元世祖忽必烈为安定江南，召见道士张可大，赐银印，令其统辖和恢复江南道教。至元乙亥（1275年），道士鲁大宥、汪真常重开紫霄宫山门，是时"正殿仅存，犹可瞻仰"。越三年，道士李守冲着手维修大殿，并在殿前"辟荆"扩大道场。第四年契丹女官肖守通又兴土木，"建殿于后，行缘受供，一如五龙"（见《道藏·武当福地总真集》）。

明永乐十年（1412年），成祖朱棣为武力夺取皇位寻找借口，宣扬"君权神授"、"天人合一"，妄称自己"靖难"时曾受真武神力相助，令隆平侯张信、工部侍郎郭琎、驸马都尉沐昕领30万军民工匠营建武当。永乐十年（1412年）敕建紫霄宫玄帝大殿、山门、碑亭、祖师殿、父母殿、方丈、斋堂、钵堂、厨房、仓库、池、亭等160间，赐额：太玄紫霄宫。为了加强管理，又在全国挑选德高望重的道士充实武当山。从此，武当山成为全国最大的道教圣地。嘉靖三十一年（1552年），明世宗醉心道教，下令重修武当，在紫霄宫扩建道房860间。

清嘉庆八年（1803年）至二十五年（1820年），紫霄宫曾有大修，光绪十四年（1888年），再次修缮。光绪以后，庙堂收入越来越少，基本上没有大的修缮，"道房岁有倾圮"（见《大岳太和山志》）。民国初年，道士杨来望、王复渺、徐本善等重振道教，募捐兴修紫霄宫内附属建筑，因财力有限，没有修缮紫霄大殿。

1953年，由国家拨款，省文化局派人对大殿瓦面进行查补和日常维护。1961年，襄阳专区建武当山文物保护管理所驻紫霄宫，负责武当山文物保护管理工作。1980年，文化、宗教部门先后对紫霄宫内龙虎殿、福地门等小型建筑进行了修葺。1983年后，紫霄宫列为国务院开放的宗教活动场所，由武当山道教协会负责管理。

2. 现状勘查

现状勘查是古建筑维修工程中最重要的环节，建筑时代越远，它蕴含的信息越丰富，越需要认真鉴别，才能区别对待并保存好各个时期所留下来的信息。

据元·刘道明《武当福地总真集》："紫霄者，玄天之别名也……宋宣和中创建。"另据明·任有垣《敕建大岳太和山志》："大玄紫霄宫……永乐十年，国朝大典，敕建玄帝大殿。"这两个文献记载紫霄大殿有两个建筑年代：一是北宋宣和四年宋徽宗敕建，二是永乐十年明成祖敕建。摆在我们面前的首要问题是：现存建筑是北宋宣和四年所建，还是永乐十年重建？是彻底推倒重来，还是大改大修式的重建？这对我们制定维修方案至关重要，因此，必须对大殿现状进行详细勘查。

（1）台基

早在《营造法式》刊行之前，喻皓《木经》已将房屋分为下、中、上三个部分，即台基、屋身、屋面。古建筑专家林徽音指出："我国所有建筑，由民舍至宫殿，均由若干单个独立的建筑物集合而成，而这个建筑物，由最古代简陋的胎形到最近代穷奢极巧的殿宇，均始终保留着三个基本要素：台基部分，柱梁或木造部分及屋顶部分。"台基是古建筑中最基础的部分。

紫霄殿台基建筑在前低后高的坡地上，呈长方形，长29.93、宽22.04、高0.34米，长宽比为1.36∶1，形制与宋代殿堂方形台基不同，也与明清的殿堂台基2∶1有别。现存台基应该是明代初期重建。

由于殿后的天乙泉残破，泉水外溢，长年流淌，致使大殿地基受潮，局部出现凹凸不平的沉降现象。台基的四角在清代末年支有擎檐柱，下有石础，另外在台基东南两边开有临时踏步石。

大殿面阔五间（2.56、6.39、8.37、6.39、2.56米），进深五间（2.56、3.36、5.94、3.36、2.56米），十四步架，古镜式柱础，金柱柱础1.25米见方，其他柱础1.1米见方。

殿内方砖（60×60×10厘米）墁地，现有墁地方砖基本上残破，用水泥修补。殿内的分心石残破。

月台长方形，长12.3米，宽7.44米，高1.2米，四周砌有石雕寻杖栏杆，三面设有踏跺，正面踏跺保存尚好，左右两侧踏跺已散失，现为花坛，正面踏跺两侧也砌有花坛。月台上面为方石铺地，方石为

72×72×15厘米，十字缝铺法，因年久风化残破严重，凹陷部分用水泥填充。民国年间，月台前侧有青砖围砌花坛，由于雨水渗透及植物根系攀附，造成月台陡板石严重错位，压面石滑动。

大殿前有高达8.8米的三层崇台，第一、第二层崇台分别长12、宽37.5，高3.8米，第三层即月台。崇台由于年久失修，石构件较多闪动。踏跺石大部分龟裂，现用水泥填充其低凹部分。崇台两侧的台阶、石栏杆大部分散失。大殿外围原有的散水石大部分残破、变形、移位。整体基础隐患较多，保存不好。

（2）墙体

唐宋时期的建筑，因当时制砖技术不成熟，用的是土坯墙，出檐深远，有保护山墙的目的。紫霄殿两侧山墙为青砖砌筑，下碱为磨砖对缝干摆做法，砖体质量良好，做工精细。但下碱以上的抹灰面层酥碱、剥落。墙顶砖檐为馒头顶，顶部凹凸不平。

（3）立柱

紫霄大殿共有立柱三十六根，金柱硕大，柱径76、高1045厘米，老檐柱柱径64、高1045厘米，檐柱柱径54、高545厘米。西南金柱有一个陈旧的柱洞，西北和东北两根金柱沿主神龛相交处部分柱皮糟朽、损坏。山面部分，前檐柱柱脚有不同程度的糟朽，后檐柱因受天乙真庆泉的影响，柱脚损坏较重。

历史上紫霄大殿有过多次大型宗教活动，道教法式多挂幡扬旌，导致立柱外表留有不少废弃的洞眼和卯口，不仅影响外观，而且阻碍了立柱竖向压力的传导。

大殿翼角共有擎檐柱八根，上下檐各四根，为清代末年增建，支顶因大殿角梁糟朽引起的下沉，需作处理，防止大木构件坍塌。

（4）梁架

大殿为抬梁式木构架，从排架侧样看，柱列整齐，前后檐柱、老檐柱、金柱各两排。檐柱属廊檐柱（宋式副阶）结构形式，老檐柱以内，进深三间。老檐柱、金柱托十一架梁，金瓜柱托五架梁。檐柱与老檐柱之间以单步梁相连。立柱上置平板枋，周施斗栱。柱间贯以跨空枋、檩垫板、檩枋、额枋，形成一个完整的框架，以增加梁架的强度和稳定。

梁架中设计最巧妙的是十一架梁，由两根大木拼合组成，交接处用燕尾榫咬合，总体52×38×1620厘米，两根大木每根规格52×38×810厘米。这种做法，不但解决了长达16米的大梁取材难、上架不容易等难题，更重要的是这种水平应力秤式设计，对于梁架的自身稳定起着十分科学的调节作用。

整个木构架由于年久失修和屋面漏雨的影响，不同程度地出现断裂、糟朽、歪闪等问题，具体如下：

三架梁：46×34×400厘米，保存一般。

五架梁：46×37×700厘米，因屋面漏雨，东次间北侧五架梁上的金瓜柱糟朽，致使五架梁局部糟朽。

下金瓜柱梁架：该殿七架、九架、十一架檩均由一根大梁承托，下金瓜柱与金瓜柱之间由单步梁承托，因这个构件需解决角梁的悬挑和收山，为稳定，由二根叉手支撑，使承托角梁的下金瓜柱非常牢固，

设计十分巧妙。

十一架梁：由于二根大木交接处用燕尾榫连接，木材因年久收缩，局部翘起；另外，北次间梁架局部糟朽。

顺扒梁：52×38×780厘米。顺扒梁损坏严重，局部空鼓，特别是西角顺扒梁严重糟朽。

角梁：上檐老角梁38×32×715厘米，仔角梁34×28×715厘米。老角梁与仔角梁剖面不一，仔角梁向上延伸，接近金柱，这种做法既不同宋式仔角梁短，也不同于清式做法。老仔角梁剖面基本一样。角梁出檐较大，其上瓦件脊饰负荷较重，由于屋面构件松脱和局部散失，雨水侵蚀，东角、西角仔老角梁糟朽，南、北两角梁亦有不同程度的糟朽，翼角损坏非常严重，为了防止其坍塌，前人用擎檐柱支撑。

下檐老角梁38×32×680厘米，仔角梁34×28×530厘米。四个翼角因屋面漏雨而损坏，也用擎檐柱支顶；东角与南角仔老角梁全部糟朽，已丧失力学性能，西角与北角仔角梁严重糟朽。

挑尖梁：48×36×420厘米。下檐损坏五根，其中二根已完全丧失力学性能。

单步梁：45×37×205厘米。下檐西向次间的单步梁糟朽。

金瓜柱：直径43、高199厘米。原施有铁箍，东向金瓜柱有劈裂纹，现用铁件加固，上有红色纸墨书对联，已残。南向金瓜柱亦有对联，字迹不清。这幅对联估计为明代重建上梁时所遗留。北向金瓜柱严重糟朽，丧失力学性能，榫卯处开裂与之搭交的三方木构均用木柱支顶。瓜柱上画有黑色×符号，可能是最后一次维修时来不及处理而遗留下的符号。

大额枋：上檐次间大额枋规格74×35×639厘米。南向西次间大额枋局部糟朽，西向南次间大额枋亦残破。

下檐大额枋58×26×639厘米。主要糟朽的有南向东次间和北向西次间，并引起斗栱下沉变形，脱榫、移位。特别是北向西次间是一根"假"额枋，系用四块木板拼合，内部是空洞，由于受屋面重力的影响，上层平板枋受压变形，两侧扭曲外凸，导致斗栱、枋檐全部移位，翼角下沉。在勘测时，因其十分隐蔽，故认为翼角的下沉可能是因地基变化而引起。经反复检查后，发现地基没有沉降，再检查并轻轻敲击，发现额枋是空的。对这种做法，我们分析可能是清代维修时因额枋用材太大，更换十分困难所致。东次间下金枋题有："大清嘉庆八年典工至二十五年元工木匠陈明万子裔仁"的墨书题记。

脊枋：规格90×45×639厘米。上檐南向东次间糟朽。

其他枋类，共计残损二十一件，其中下檐平板枋四件、上檐拽枋十四件、内槽拽枋三件。

（5）斗栱

斗栱是木构架中重要的组成部分，屋面梁架全部依托其上。斗栱斗口11厘米，栱高二斗口，出跳三斗口，合宋《营造法式》宫殿建筑七等材，清《工程做法》六等材。宋式斗栱出跳一般为30分°，出跳多的斗栱长度则不相同，一般第一跳为30分°，从第二跳开始均为26分°，而且内外出跳距离不一，向室内的第一跳为26分°，从第二跳开始为16分°。这种做法不仅水平应力不均，计算也不方便，施工复杂。紫霄大殿斗栱出跳、栱高为统一的模数，对木构建筑标准化施工具有重大研究价值。

大殿共有斗栱一百九十六攒，其中外檐斗栱一百二十八攒、内槽斗栱二十四攒、隔架科斗栱四十四攒。

下檐平身科斗栱，作双昂五踩花台鎏金斗栱。昂尾挑在老檐柱的花台枋上，十分华丽。下檐平身科斗栱总高105厘米，檐柱高545厘米，斗栱与柱高比例为1∶5。这一比例与宋式有很大差别，宋代斗栱与柱高比例为1∶2至1∶4，斗栱十分高大。紫霄大殿的斗栱缩小，不仅是节省了木材，而且使屋檐出檐缩短，有利采光。

下檐柱头科，为双昂五踩斗栱，但坐斗比平身科坐斗宽6厘米，主要用于承托挑尖梁头。这一做法与宋代有很大差别，宋式铺作柱头科栌斗与补间一样，且梁头不穿过斗栱层，檐檩主要依靠左右铺作共同支撑，这种做法在结构上有不完善的地方，节点也不合理。紫霄殿柱头科斗栱所衔接的梁头，全部越过斗栱层，而且在梁头割出檩椀，使檐檩、挑尖梁、斗栱节点趋于合理，结构更加牢固。由于坐斗扩大，纵向昂栱的宽度扩大为17厘米，这样既美观又结实。

下檐角科斗栱，为三昂五踩斗栱，最外一跳作由昂，上托宝瓶，这种做法与清代相一致。但昂的后尾直接挑在老檐柱上，十分牢固。

上檐平身科斗栱，作单翘双昂七踩斗栱，耍头处做半个蚂蚱头，撑头木做麻叶头。

上檐柱头科斗栱，梁头架在斗栱层上，并割出椀槽放置檐檩，椀槽做得比较简单，不如清代做得精美考究，可以看出这是一种较原始的做法，显示出早期的过渡特征。另外，正心檩下加置有垫木，以解决屋面荷载的向下传递。这一做法既有别于唐宋建筑，也不像清代官式做法，但对最终形成清代《工程做法》中"槽桁椀"的标准做法起到了先导作用。

上檐角科斗栱，为单翘三昂七踩斗栱，与下檐一样，最外一跳不做耍头，而为昂头。

内槽斗栱，为七踩重翘斗栱。

学术界一般认为明代建筑不使用内槽斗栱，但紫霄大殿却大量使用内槽斗栱和隔架科斗栱，而且在出跳、栱高上与外檐一样，这些斗栱不仅美观，而且具有力学作用。紫霄大殿上层屋架全部搁置在斗栱层上，不但雄伟壮观，而且对于防震、防风、防水平推力都有很好的消减作用。

斗栱全部构件计有七千九百一十六件。其中坐斗、十八斗、三才升、槽升子等计有四千五百三十二件，昂、耍头、瓜栱、万栱、厢栱等计有三千三百八十四件。

斗栱因结构复杂，各部件互相搭交，有效截面小，加上檐檩、檐柱收缩、下沉和闪动，造成斗栱各部受力不均，不少构件发生移位、扭闪和变形。主要残破现象为：大斗卯口开裂，小斗滑脱，斗"平"压扁变形，斗耳断落以及栱身昂头劈裂等。

（6）装修

大殿外檐装修古朴，沿柱枋施槛框，做五抹头（三串腰）三交六椀菱花隔扇门。明间置六扇，每扇

3.63 × 1.22 米；次间作四扇，每扇 3.63 × 1.34 米；稍间各置隔扇窗两扇，每扇 2.41 × 0.87 米。后檐明间开有六扇隔扇门，其他为墙体。

隔扇门的高、宽比例约为 3：1，门变得较窄，有利于防止横向构件下坠造成的变形。隔扇门窗梜条部分占整个门高度的 4/7，与清式推行的模数标准 3/5 不同，可以看出明代初期隔扇装修已有一套完整的模数标准。根据文献记载，唐宋时期隔扇不仅宽，而且抹头较少，多为 3~4 抹头。由于横向拉结构件少，容易引起框架变形，从而影响使用寿命。紫霄大殿隔扇门为五抹头，加强了横向拉结。隔扇门除了抱框外，还留有槫柱，这种唐宋建筑遗构的做法，在明代初期木结构体系中表现出承上启下的重大意义。前檐隔扇门由于使用年代久，开启活动多，加之用材较大，扇面过宽，造成抹头下坠，致使榫头移位和断裂，个别菱花脱落或散失，仔边残缺，裙板破损。

西边次间隔扇门上另凿有小门，为大殿夜间值班人员临时出入之用。

后檐六扇隔扇门被大殿内三座神龛封死，没有进出通道。由于受地面潮湿的影响，下层绦环板槽朽后，被人锯掉。因后门很少开启，后人便将六扇隔扇门用木杆钉死并连在一起封住后门。

大殿内藻井设在殿中央顶部，为正六边形，井身如华盖高出天花，以象征"天宇"，井内圆雕蟠龙戏珠。天花为井口式，天花板上彩绘沥粉贴金龙凤、八卦太极、八宝、西番莲花等，十分华丽。

藻井由于支条断面小，跨度大，目前已出现局部变形、色彩剥落等朽坏现象。

天花、井口板亦有相同现象，板面变形起翘，沥粉脱落。

（7）彩绘

大殿中的彩绘多集中在梁、枋、斗栱等大木上，做法是直接将准备彩绘的木面刨光，罩底作画，并根据每个木构的空间，结合看面安排画面的内容。彩画的布局：将梁、枋大略分为三段，两头施旋子彩画，中间枋心画人物故事。内容主要有二十四孝图、太子成仙图和封神故事等。随梁枋较小的枋心则描画山水、花鸟、博古图等。彩画人物比例准确，造型精美，手法高超。

这些彩绘与明代初期彩绘有较大的区别，如武当山金殿、紫禁城石雕门楼、琉璃焚帛炉等彩绘，均为旋子花心，找头为一整二破，枋心梁头作岔口楞心，枋心内无彩绘，菱花籍头；特别是彩画二十四孝图反映的是清代初期宣扬的二十四个孝子，是清朝统治者大力提倡忠孝为本，加强文治巩固政权的关键时期。根据画的内容，我们推断这批彩绘的时间应为清代早期。

斗栱彩绘以蓝色、白色相间绘昂，绿色绘栱；垫栱板饰八宝和暗八仙等图案，色彩十分鲜明。

现存彩绘，由于山区气候潮湿和日照频繁，彩绘中骨胶受潮霉变，色彩大面积脱落，画面色彩斑驳，线条模糊，保存不好。

（8）屋面

大殿通高 20.16 米，重檐歇山式。屋面脊饰为民间作法，做工精细，造型独特，与官式完全不同，具有重要的艺术价值。

正脊由六条三彩琉璃飞龙组成，每边各三条。中间置宝瓶，瓶座为一条腾龙，造型精美。

大吻雄居两头，黄甲绿翅，鲜艳夺目，吻嘴巨裂，面容狰狞，卷尾近似圆形，剑把为铁质三叉戟，戟上附日月寿字，寓意"三升三级，寿同日月"。

翼角处理，别具匠心，上檐四条岔脊作飞龙，昂首苍穹，飞举冲天。飞龙为四件脊筒拼合，镂空堆塑，为保持构件稳定，龙头为三角形，既稳固又简洁。龙身弯曲，前段弧度较大，充满张力，后部舒展。每段脊筒拼合处堆塑如意云纹，这样不仅巧妙地避免了脊筒之间的拼合痕迹，而且增加了龙的动态，是罕见的民间陶艺珍品。

下檐四条脊饰彩凤，清毛鲜羽，起舞云端。翔凤也是由四拼组合，分别为凤首一件、凤身一件、凤翅二件。凤首与凤身依靠插销衔接，凤翅与凤身主要靠翅下的榫卯连接。由于整体镂空，设计巧妙，不但自重轻，而且安装方便。

值得一提的是，为使翼角上的龙凤向上翘起，龙凤下方安置了一块弧形的铁板，以取代仔角梁托翘的作用。这种在仔角梁上再加托板的做法，避免了仔角梁因起翘过大，木构件容易受雨水浸蚀而损毁的蔽病。这样做不仅美观，而且非常科学。

屋面为孔雀蓝琉璃瓦作。垂脊饰莲花彩龙，做法与正脊相似。围脊最富道教色彩，由镂空浮雕人物故事和吉祥花鸟琉璃件组成。人物故事主要有：福禄寿三星、老子出关、刘海戏蟾、王乔骑鹤飞升和渔、樵、耕、读等内容；吉祥花鸟有：碧水莲花，白鹿灵芝，三蝠（福）来朝，富贵牡丹等。

围脊琉璃构件残破严重，其中艺术饰件系拼件组合，不少分件残缺破损后，用水泥灰浆填补，以保持构件的稳定；翼角的龙、凤及大块琉璃件脱落后，用彩瓷贴面以维护外形；孔雀蓝琉璃瓦损坏最多，历代修缮时又添补了不少黑色琉璃瓦和黄色陶质瓦，但色彩不一，规格也不同。现存屋面的瓦坡凸凹不平，捉节夹垄灰脱裂，屋面漏雨。

屋面琉璃构件造型舒展大方，风格手法一致，色彩相同，具有江南民间特色。正脊上题记"湖南长沙县铜官市张春泰造"。可以推断出，屋面脊饰应为清代中期湖南铜官著名陶艺家张春泰所制。

（9）其他附属文物

大殿上檐正中悬长方形匾额，尺寸为2.78×1.54米，书"紫霄殿"三个大字。斗板上彩绘明黄色游龙图案，为明代原物。下檐悬匾额三块，从左至右分别为：协赞中天，4.25×1.5米，民国立；始判六天，4.35×1.5米，湖北襄阳府正堂张道光柒年立；云外清都，4.6×1.7米，民国立。大部分匾额色彩已脱落，字迹不清，保存不好。

大殿内设神龛五座：明间一座、次间两座、稍间两座。

明间神龛，高9.63、宽7.6米，进深3.66米，置石雕须弥座，正身为木作，神龛周身饰满金龙彩凤及各种瑞祥纹，内建御座，供泥胎贴金彩塑玉皇大帝，像高5.37米，着冕服，执朝笏，龙章凤态，造型生动，这是武当山现存最大的玉皇大帝像。像两旁为金童玉女，各高4.01米，执笔捧印，体态谦恭。像

前置铜铸鎏金真武披发跣足执剑神像，其前有三尊铜铸鎏金真武说法像，这四尊像均为永乐年间皇家供品。

神龛两侧各设副龛四座，每座中有两尊铜铸彩塑神像，分别为：赵天君、关天君、马天君、温天君（赵公明、关羽、马王爷、瘟神）、金童、玉女、水将、火将。神像组合有序，手执法器，威严肃穆，如同天子的仪仗队。

东边次间神龛中供泥胎彩塑紫元真君神像，秀雅俏丽，左右塑男女侍卫。西次间供泥胎彩绘玄天上帝神像（即真武神像），面容慈祥。青龙擎剑、白虎执枪，守卫两侧。

稍间神龛中供奉历代香客、信士所捐赠的道教神像，体量较小，数量较多。

殿内供桌上还存放着历代敬献的宝瓶、蜡台、海灯及各种法器。其中，明弘治辛酉年（1501年）铁铸的铁树开花神灯，最为珍贵。另有"飞来杉"一株，相传为永乐皇帝大修武当山时玉皇大帝所赐。奇特的是，游人在杉树的一头用手轻轻抓动，另一头则可听见清脆响声，故又名"响灵杉"。

由于大殿处于紫霄宫风水意象中"穴"的位置，所以，大殿后有一股长年不枯的清泉，古人便在此建有"天乙真庆泉"。泉开凿于北宋，为方形围栏形式，泉上置石雕玄武，龟内为泉眼，水从龟嘴中流出，设计精巧。泉上石雕玄武被砸残，蛇头、龟首散失，原有的石栏杆亦散失。

泉两边的"金沙坑"和"银沙坑"也被堵塞。

3. 建筑隐患与病害分析

紫霄殿最后一次大修是在清光绪十四年（1888年），迄今已有一百多年。由于紫霄殿地处山区，自然条件恶劣，长期受自然侵蚀的影响，建筑物的屋面、大木构件、装饰、台基等出现不同程度的风化、酥碱、残损等现象。其间虽有多次修缮，但因财力不济，多是支顶加固、屋面换瓦和补漏等小修小补，并未解除建筑物所存在的各种病患。加之长期以来的狂风骤雨和冰雪冻蚀，其损害加剧。目前大殿西角木构因糟朽而丧失力学性能，引起下沉、东北角金瓜柱腐朽后改用木柱支顶，若不及时排除这些隐患，如遇较大的自然力侵袭，大殿就有倒塌的危险。

紫霄大殿除了自然侵蚀的影响外，昆虫的蛀蚀也是非常厉害的，而且险情越来越严重，继而影响大木结构稳定。

主要隐患病害：基础局部沉降，石、砖地面、石栏等构件破损；大木构件松散、风化、糟朽，不少构件已丧失力学性能，特别是角梁已糟朽滑脱；屋面漏雨，瓦件、脊饰残破；虫害十分猖獗，特别是当地一种昆虫"钻木蜂"对木构破坏很大。

4. 测绘

测绘是维修工程中最重要的工作，是取得建筑形象资料和具体数据的唯一方法，这一工作的广度和

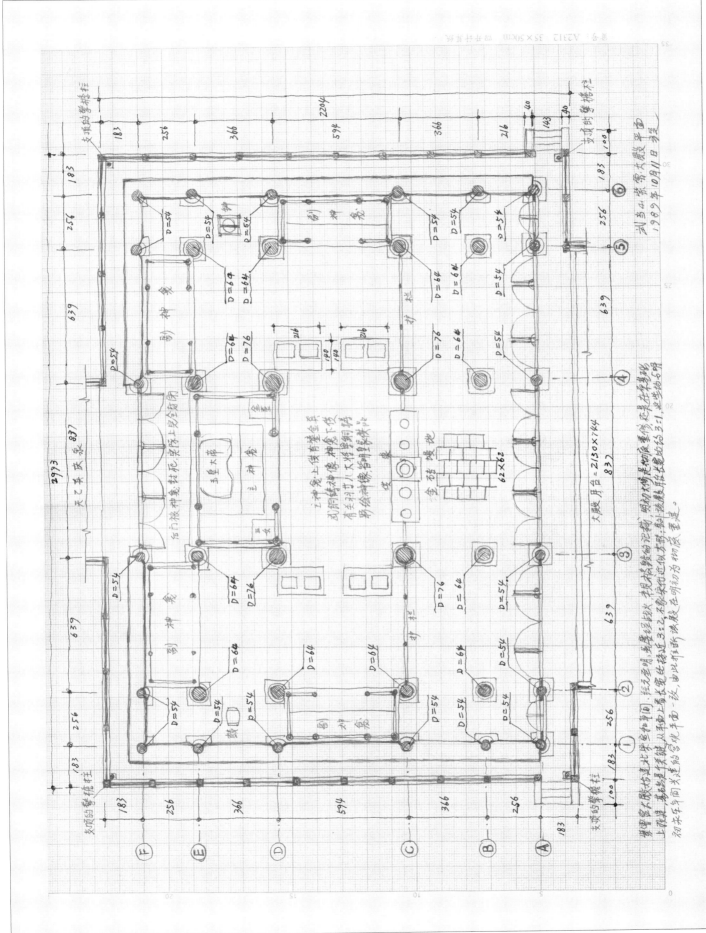

图一　紫霄大殿实测平面图

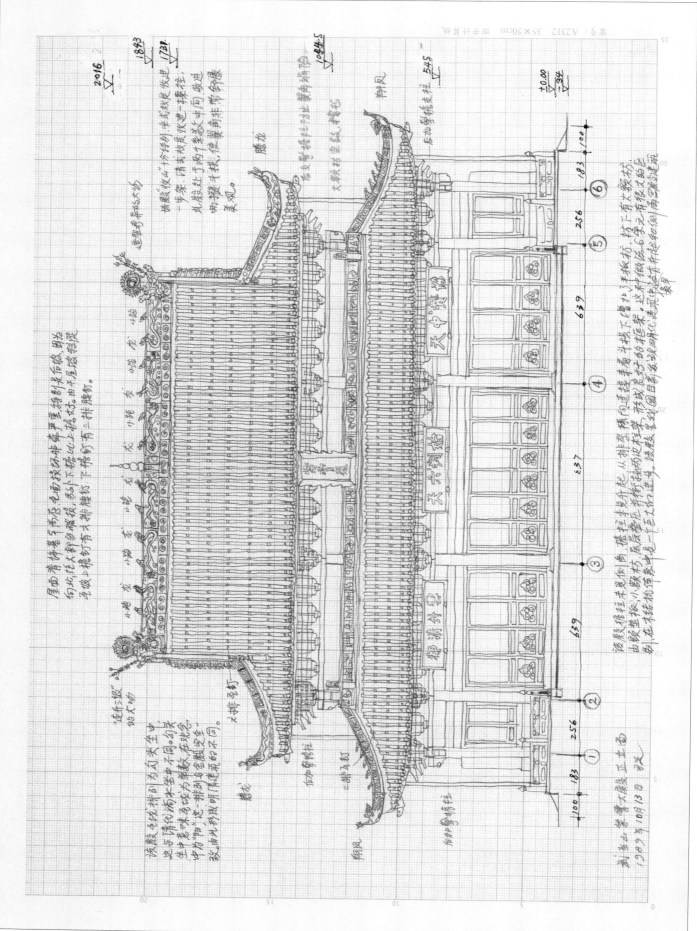

图二 紫霄大殿实测正立面图

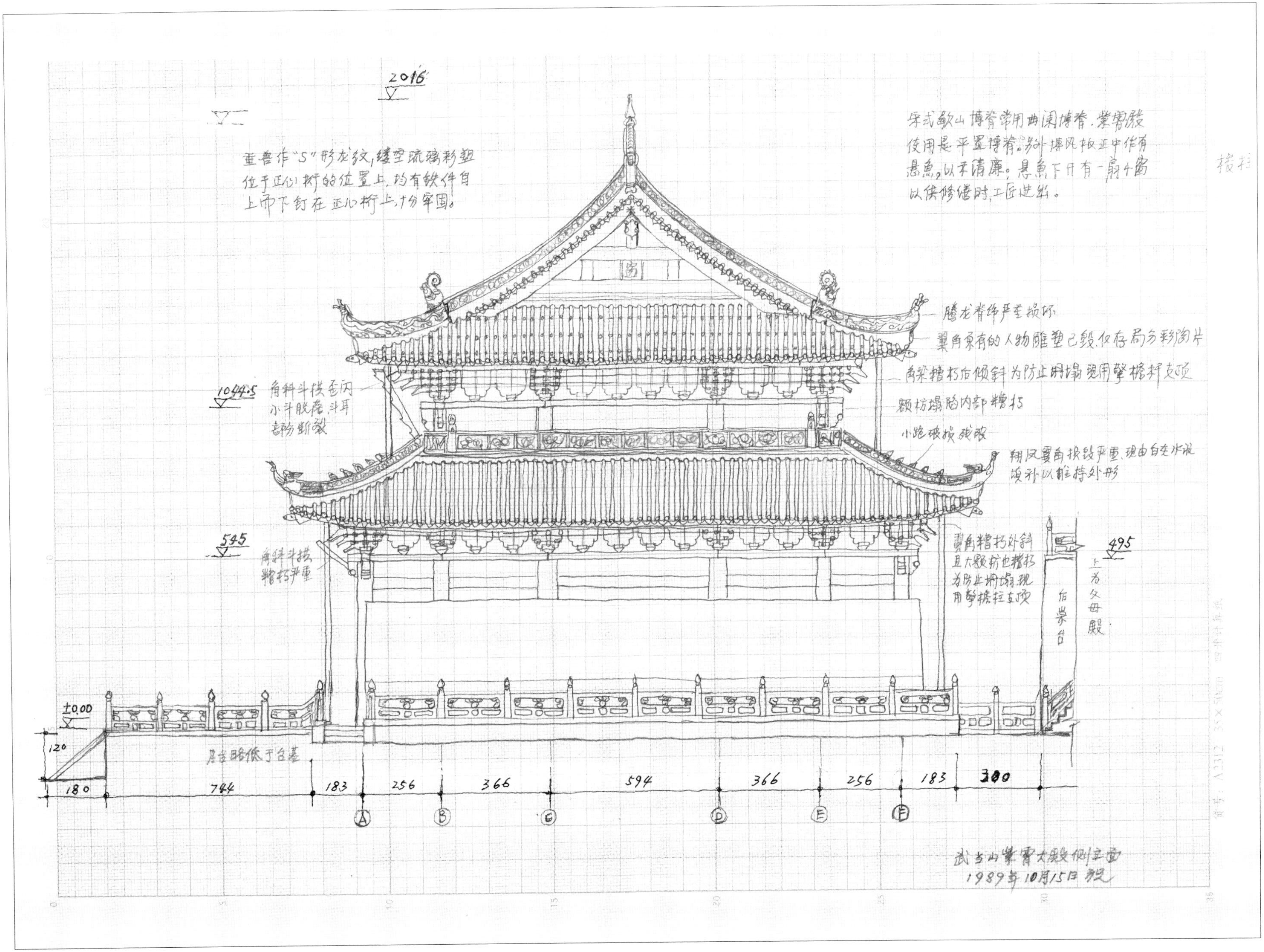

图三 紫霄大殿实测侧立面图

武当山紫霄大殿侧立面
1989年10月15日 测绘

2016
文

檐柱斗栱
斜栱平昂

角科斗栱 出闪
小斗朕角昂
卷物斜昂

重昂作"S"形龙头，缕空流畅形和
在手正心栱的位置上，均有软件昂
上昂下昂正心栱上，均有龙头。

等级象山博脊常用凤汉棒脊，梁脊脊
使用长平垫棒有，形棒风枚正中作有
悬鱼，以于清座，悬点下件有一阔小脑
以像修塘时，工匠逆出。

腾龙脊棒平至损坏
翼角象有的人物雕塑已线体烧的局分彩脂片
角缘棒拈倾斜为防止棒得照用粉棒拆拉及
额访损陷内部损拈
小瓷碎损坏损

翼角棒抬外斜
且大限新已残形
为防止棒拈倾现
用粉接拈主浜

铜风象角损设平垫，现由白垫外浅
垫补以较拈头净形

左为
女母
殿

伯探
台

±0.00
120
180

744 256 183

545

1045

495 300

183 256 366 594 366 256 183

A B C D E F

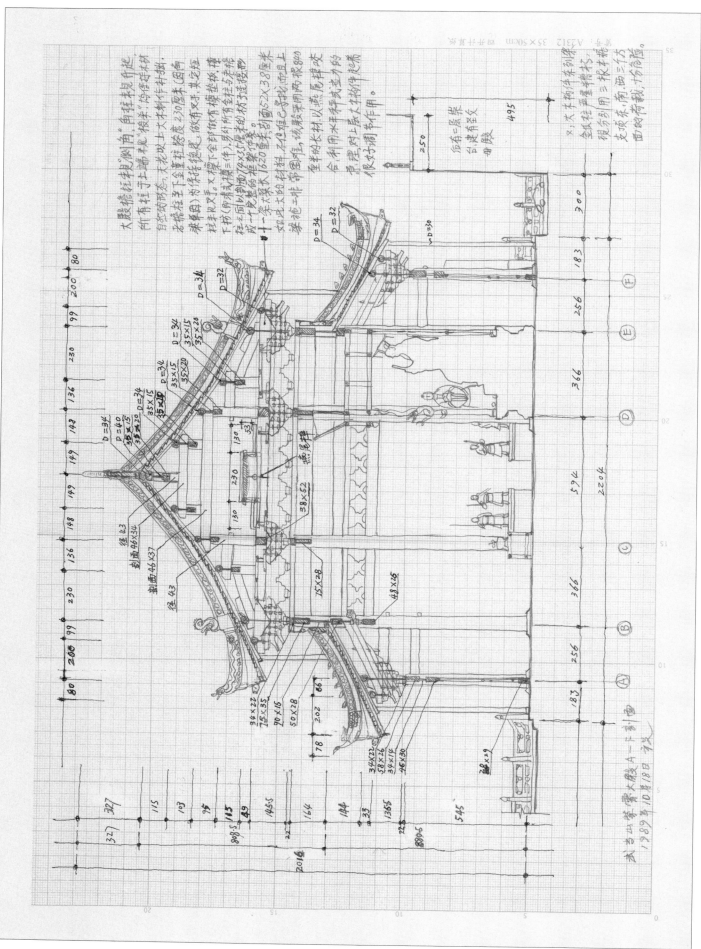

图四　紫霄大殿实测纵断面图

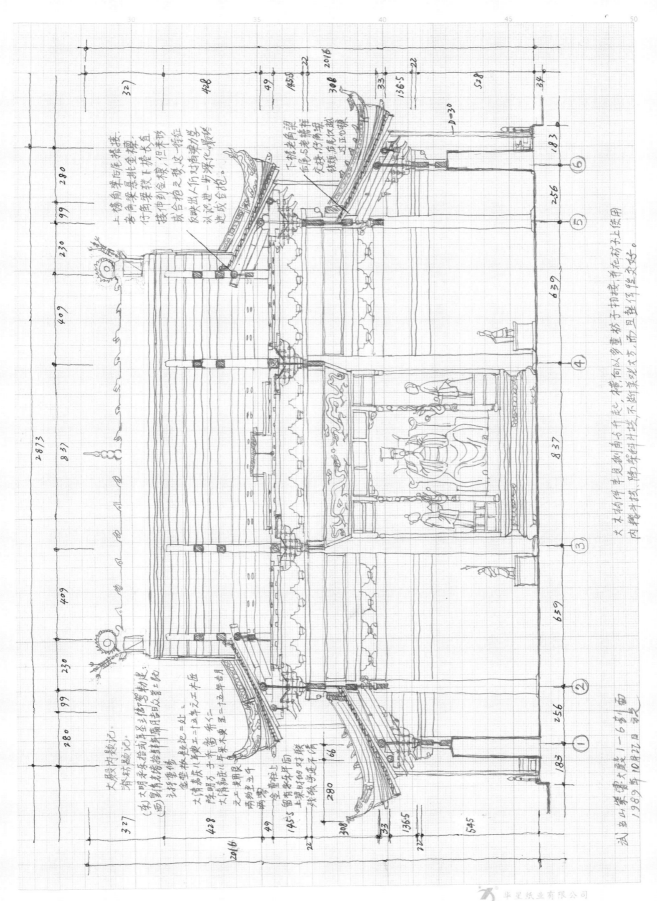

图五　紫霄大殿实测横断面图

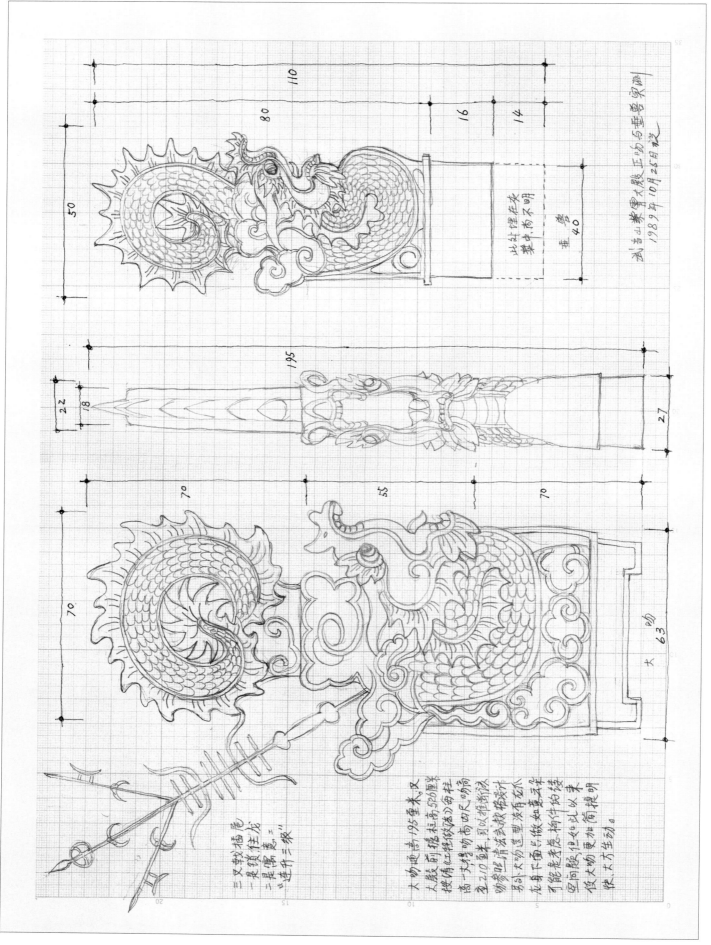

图六　紫霄大殿正吻实测图

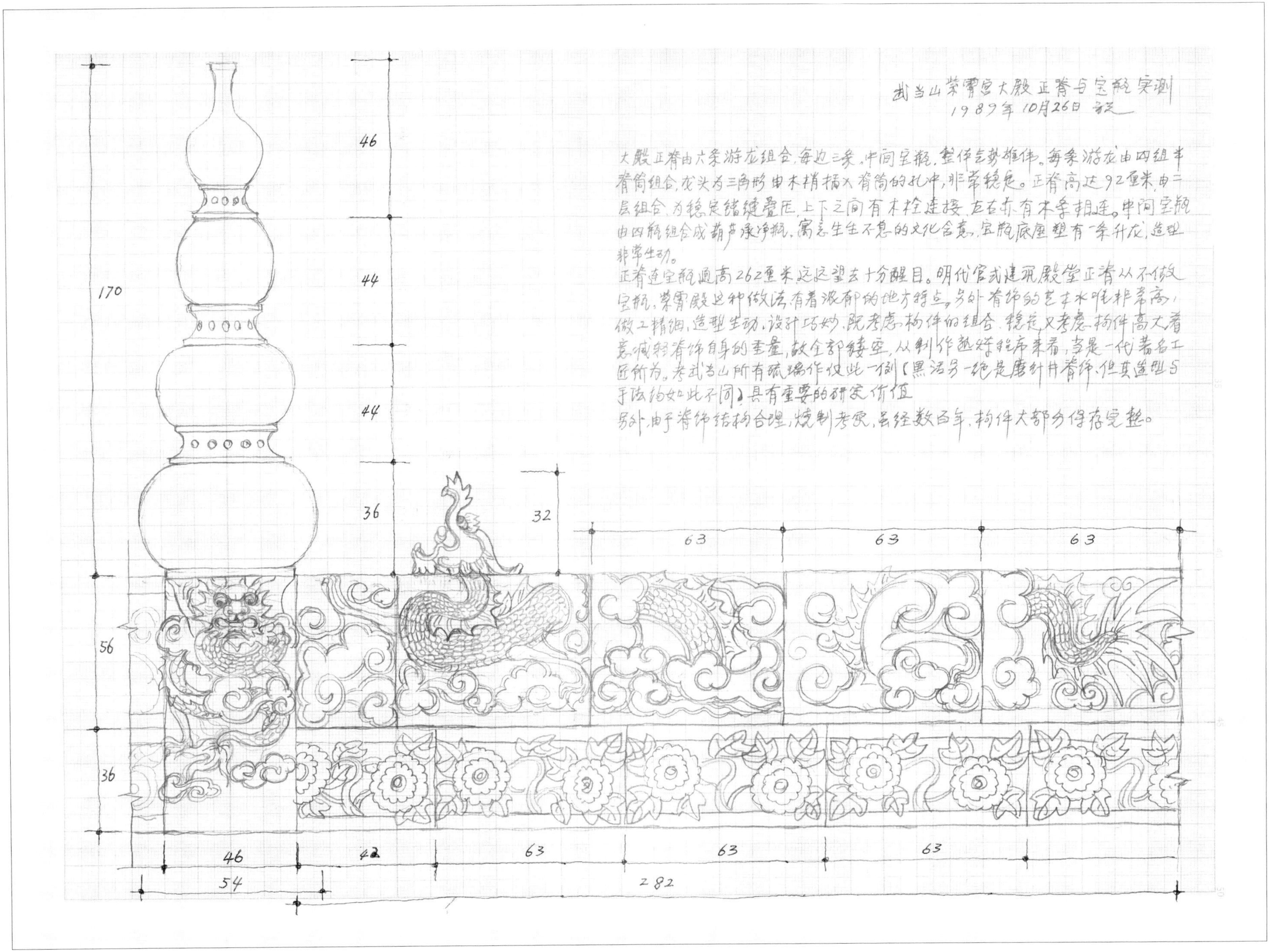

大殿正脊由六条游龙组合，每边三条，中间呈板。整体气势雄伟，每条游龙由两组卷草制组合，龙头为三角形由木料插入脊筒的孔中，非等距离。正脊高正92厘米，由二卷草组合为稳固链接着。上下间有不等距连接瓦石片，令不等距则正。中间呈板由四角绘绿釉者浅浮雕，其色艳是生生天是的文化含素，屋脊底釉翘有一条半化，造型栩栩如生动。

正脊各宝顶通高262厘米远远望去十分醒目。明代营武建筑殿堂正脊以不小似呈板，其脊殿这种形较好，有着浓郁的地方特色与另外有饰的艺术唯非非高，造型上精细，造型生动，设计巧妙的院落感等场地的体与另一组合。胜在其美技术保尚大者，表现釉彩有体自身的呈黛，欲使彩釉绿绿此一例（黑色另一般足腰作线此草与异一代需台上西所行，将武当山所有脊疏绿作线此草，具有重要的研究价值。

另外，由于将脊饰综样的台座，烧制生动，各经数百年，均得大部分得尚受受整。

图七　紫霄大殿正脊实测图

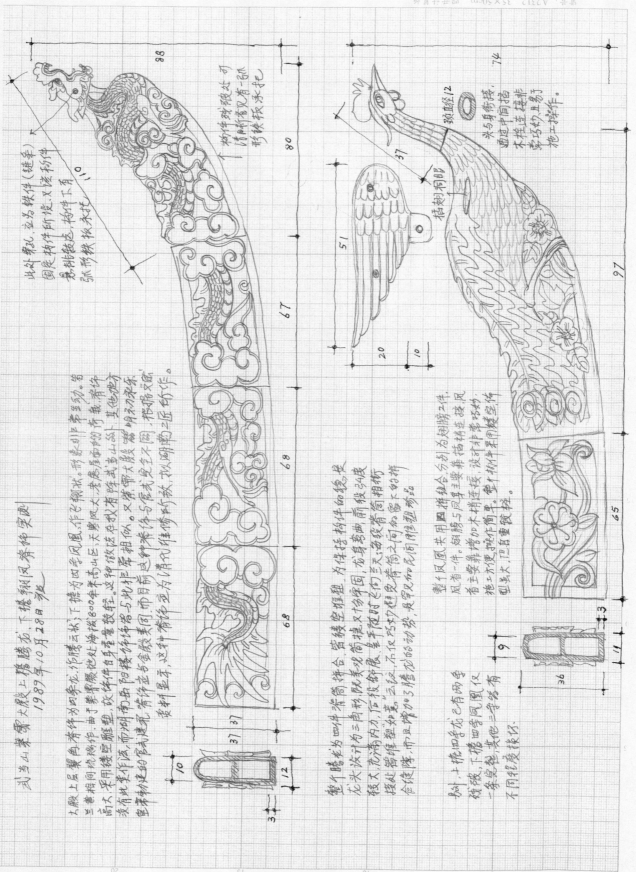

图八 紫霄大殿翼角实测图

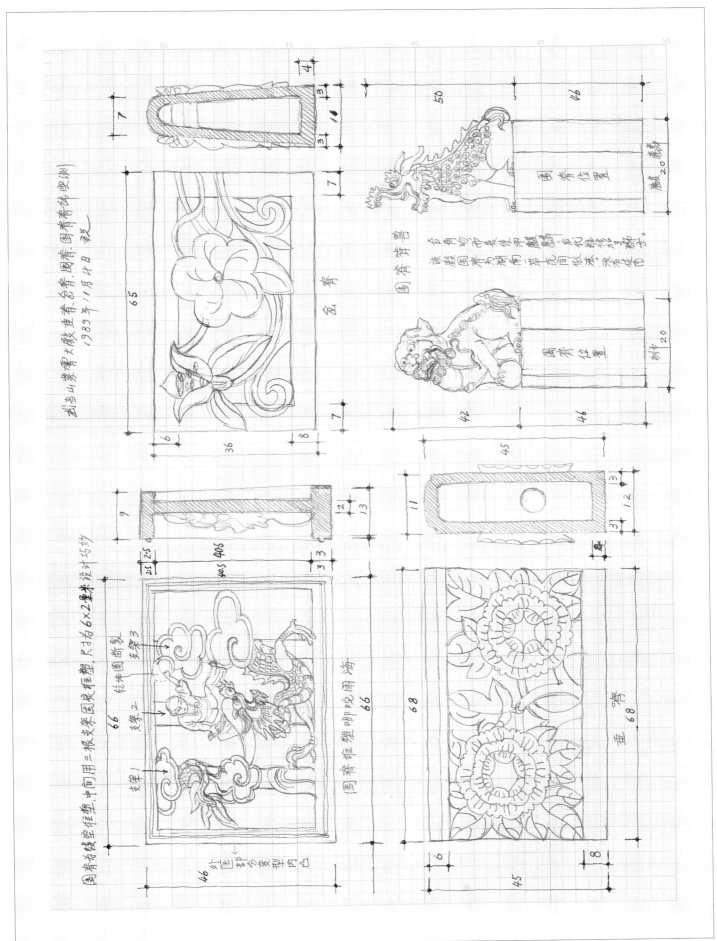

图九 紫霄大殿围脊实测图

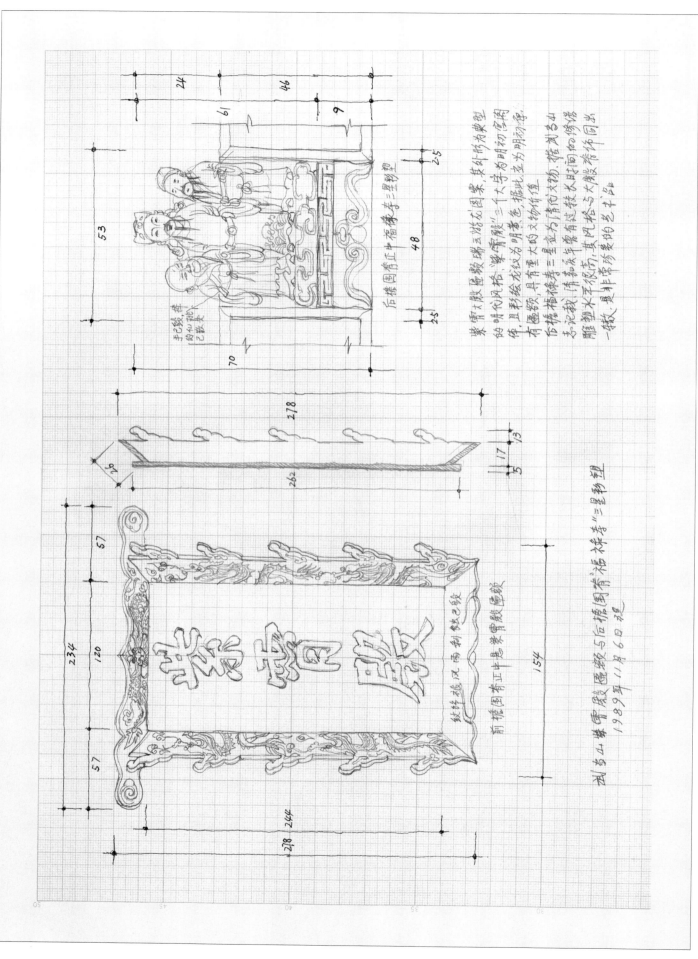

图一〇 紫霄大殿匾额与围脊实测图

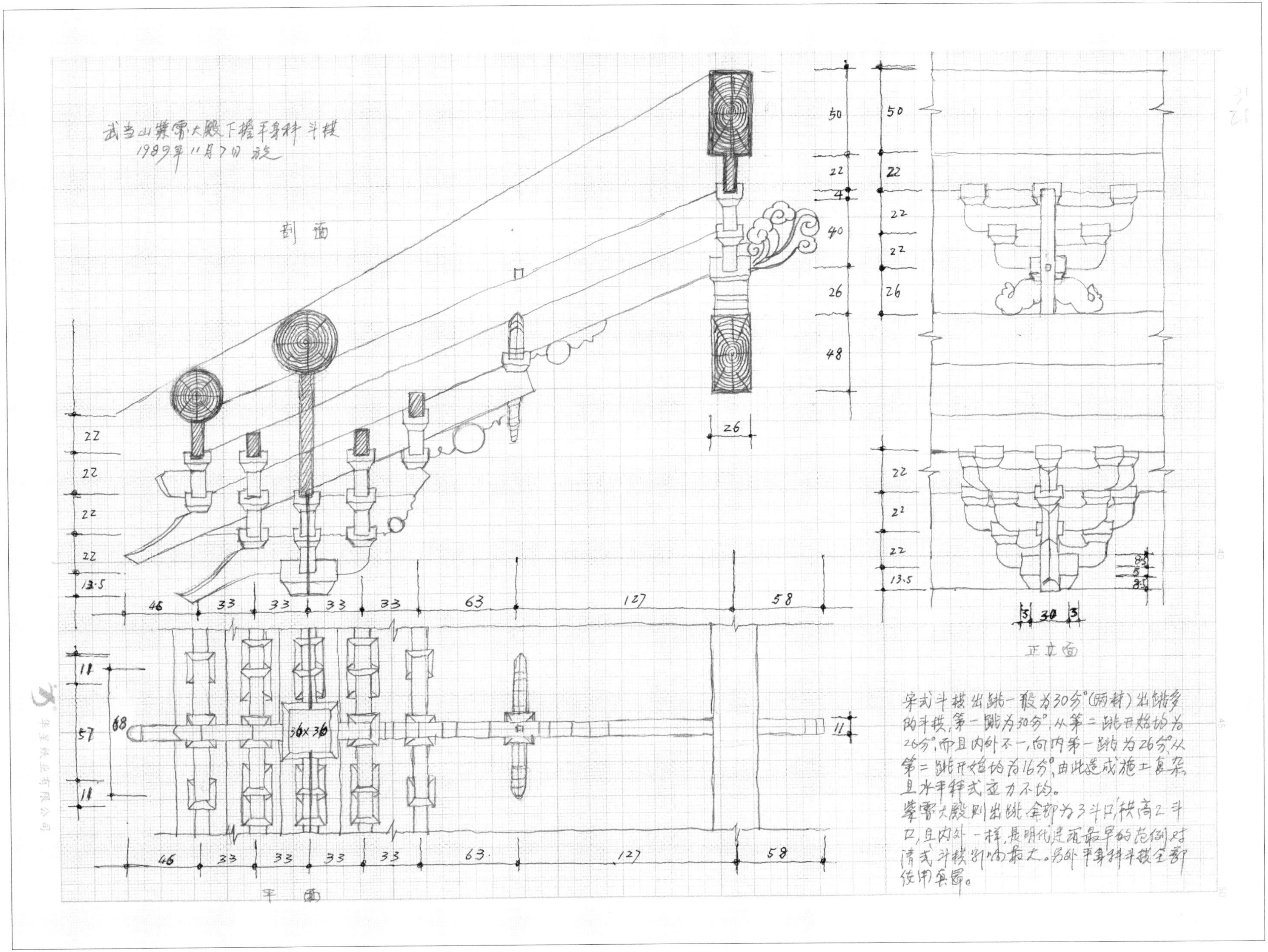

图一一　紫霄大殿下檐平身科斗拱实测图

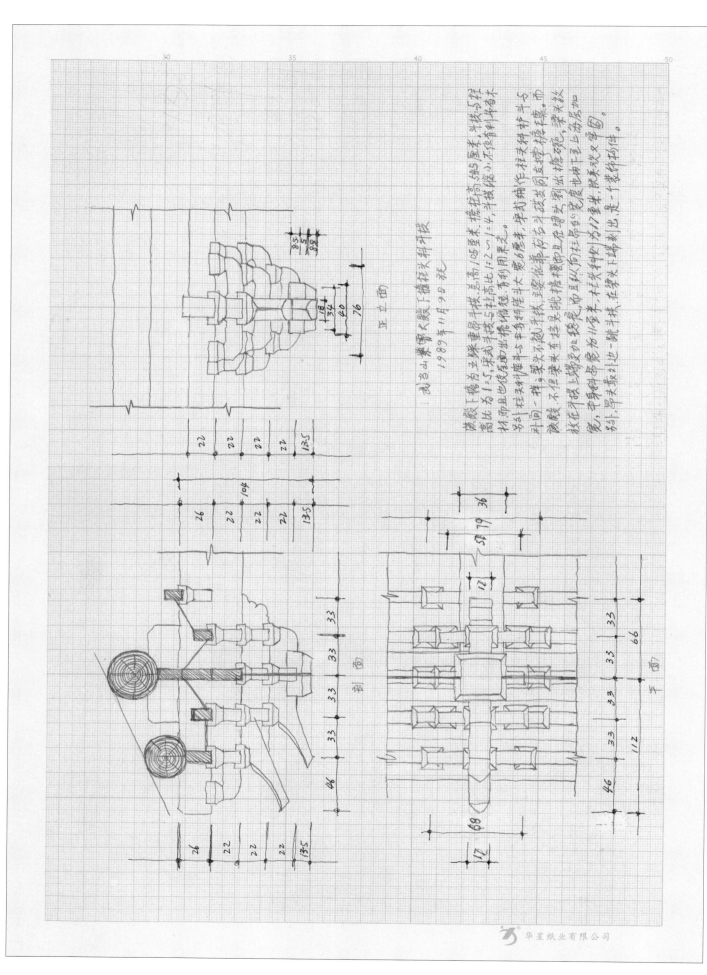

图一二　紫霄大殿下檐柱头科斗拱实测图

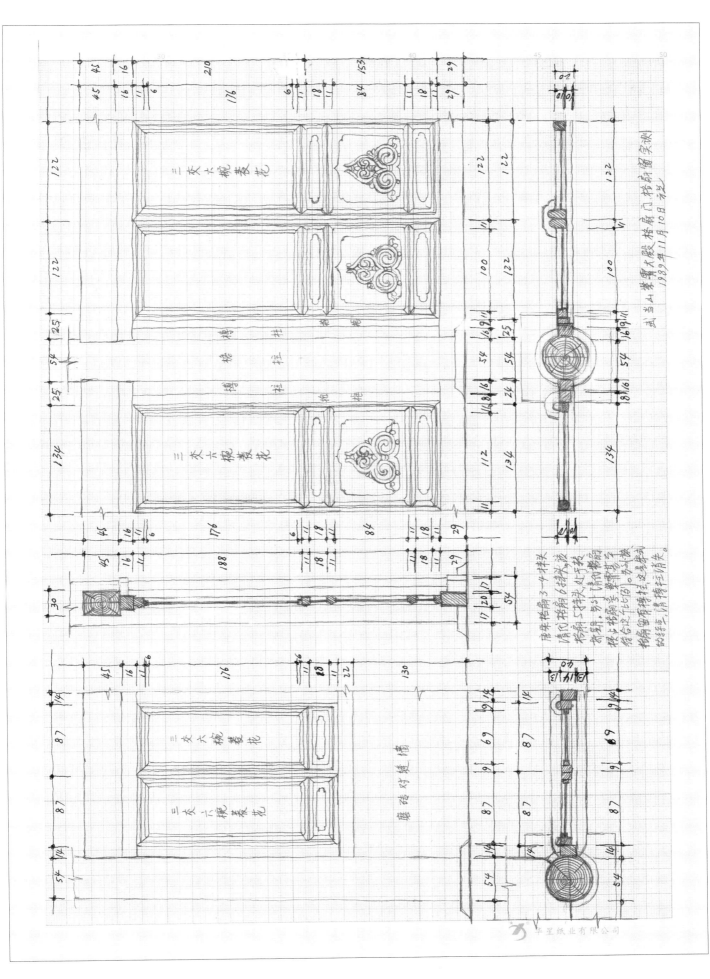

图一三 紫霄大殿隔扇门实测图

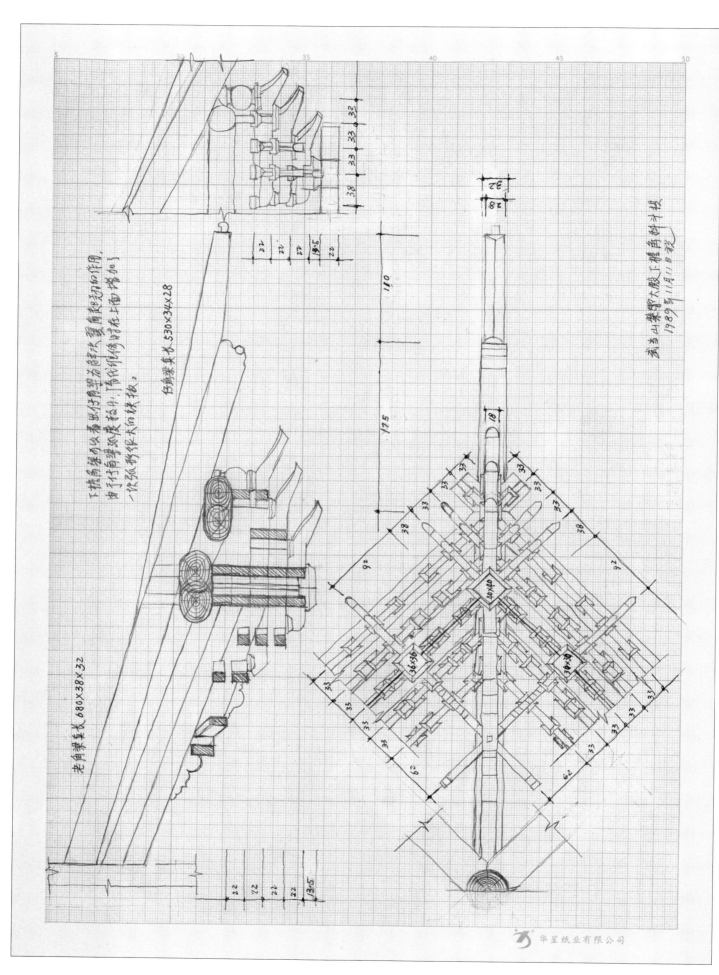

老角梁宽 680×38×32

仿角梁宽 530×34×28

下然角梁① 以看出仿角梁的梁身及卷角棍的作用。由于仿角梁弧度较小，使角仿俯时在上面增加了一次弧形以径卡向块粘。

武当山紫霄大殿下檐角科斜斗拱
1989年11月13记

图一四　紫霄大殿下檐角科斜斗拱实测图

华星纸业有限公司

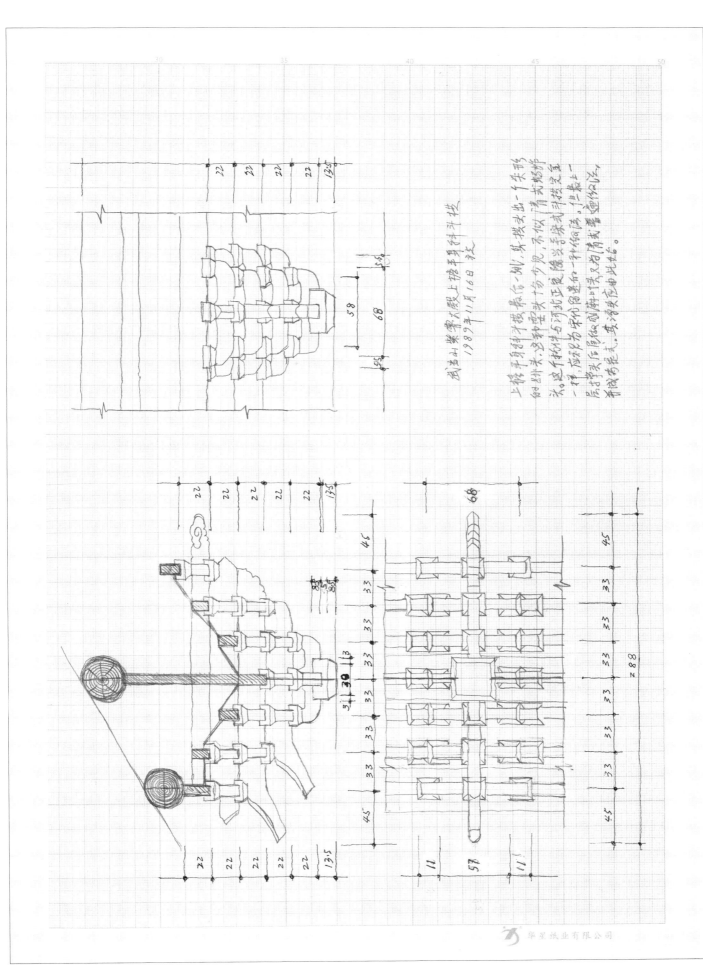

武当山紫霄大殿上檐平身科斗拱
1989年11月16日记

图一五　紫霄大殿上檐平身科斗拱实测图

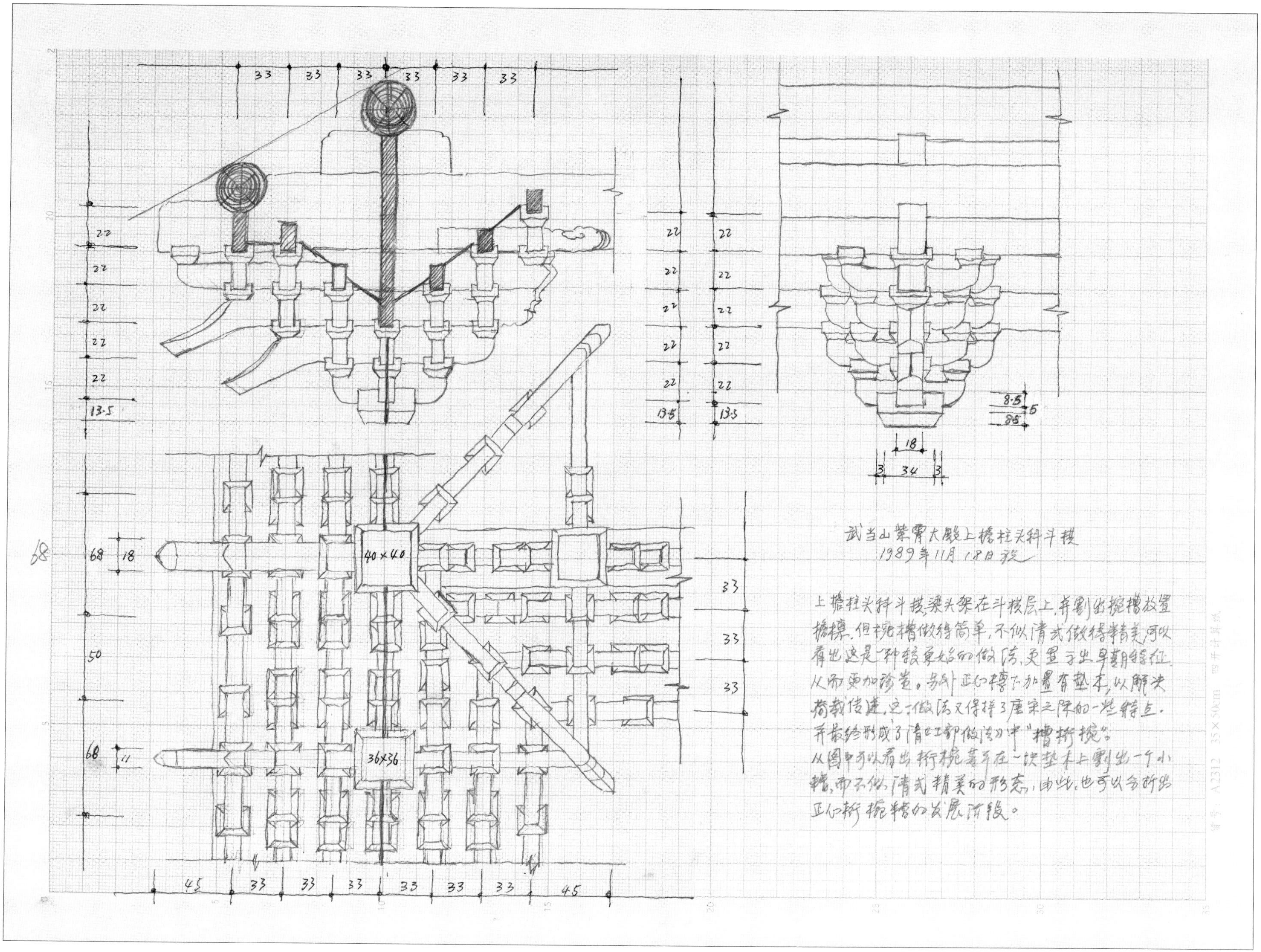

武当山紫霄大殿上檐柱头科斗拱
1989年11月18日测

图一六　紫霄大殿十檐柱头科斗拱实测图

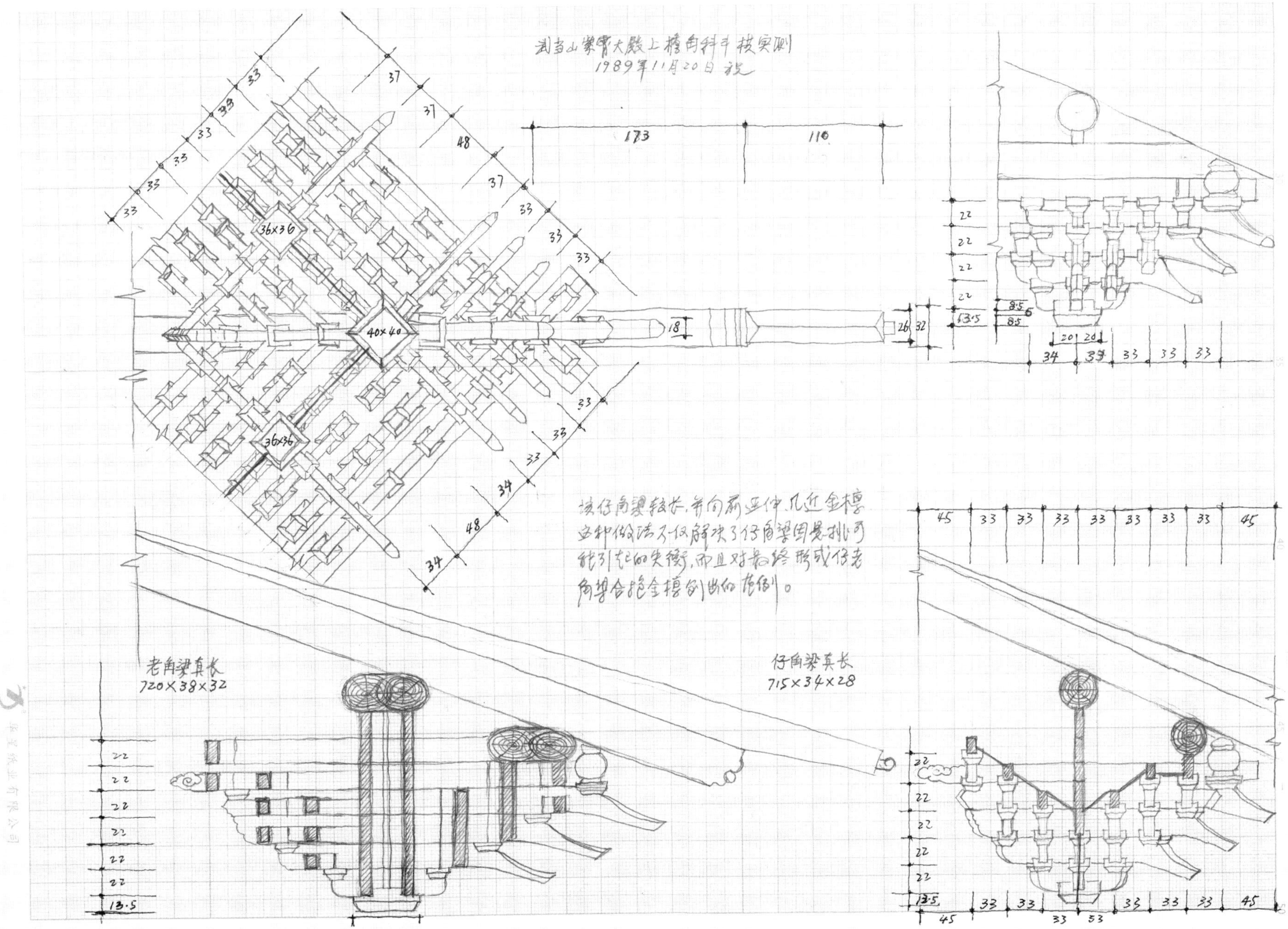

武当山紫霄大殿上檐转角斜斗栱实测图
1989年11月20日 孙

仔角梁 715×34×28

老角梁长 720×38×32

该仔角梁程水平向全部正伸几为金枋
里中间这个以降水313倒半围绕斜此方
视7飞的支承，而直对称一经跨为斜13支
角明合挖含接的协份花坞门。

图一七 紫霄大殿上檐转角斜斗栱实测图

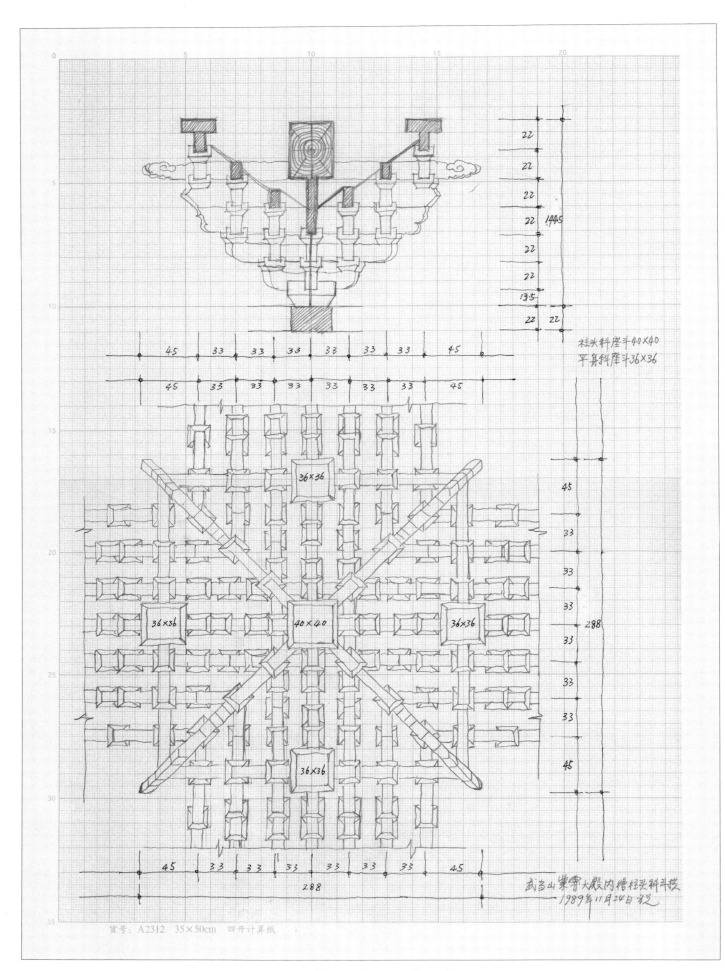

图一八　紫霄大殿内槽柱头科斗栱实测图

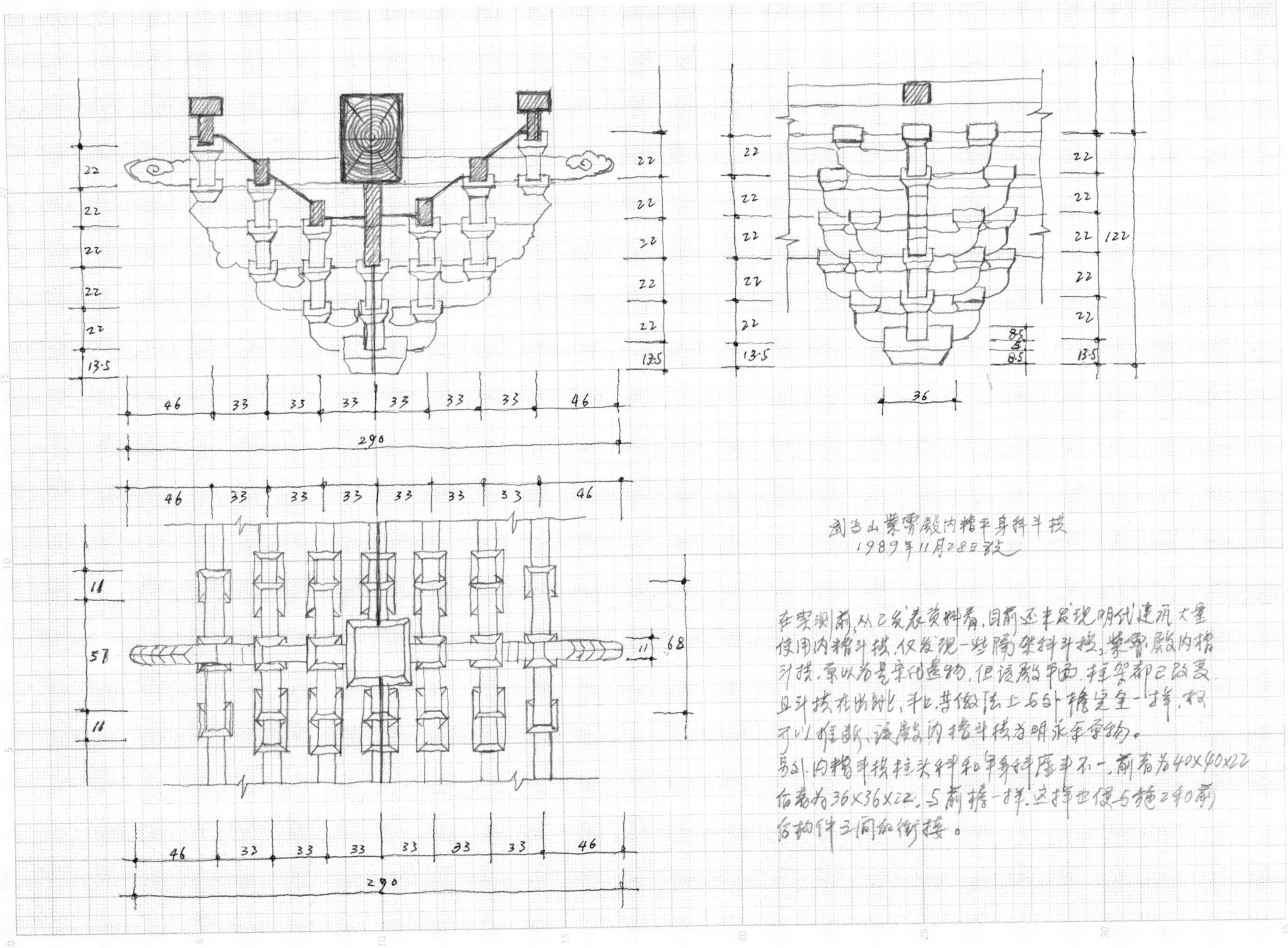

图一九　紫霄大殿内槽平身科斗拱实测图

深度，直接影响维修工作的成功与否。测绘工作不仅帮助我们全面了解大殿每个部位存在的问题，而且认识和分析各时期的叠加物，保留有价值的信息。更重要的是为以后的科研工作提供可靠的依据。

5. 管理机构与保护状况

1983 年国务院公布紫霄宫为道教活动场所。紫霄殿归武当山道教协会负责管理。

紫霄大殿在道教协会的管理下，得到精心保护，但因经济等原因，未能解除建筑所存在的隐患。自然的侵蚀致使紫霄殿的损坏加剧，各种险情也越来越严重。若不能及时排除隐患，大殿随时都有坍塌的危险。

第三章　紫霄大殿文物价值评估

一、文物保护级别

1982年，国务院公布紫霄宫为第二批全国重点文物保护单位。1995年，联合国教科文组织将武当山古建筑群列为世界文化遗产。紫霄宫是武当山古建筑群中的重要组成部分。

二、历史价值

紫霄大殿始建于北宋宣和四年，是宋徽宗崇尚道教的产物。宋代皇帝自称得"火德之盛兆"而有天下；同时，又考虑火德太盛有失阴阳，因真武是水神，为使阴阳调和，奉祀真武，敕号"镇天真武灵应佑圣真君"。特别是宋徽宗，自诩"教主道君皇帝"。宣和年间，皇帝在道士林灵素的策划下，编制了多起天神降灵的神话，其中真武降灵最为神奇。据说，一天宋徽宗做梦，见火神举着火把往南而去，醒来，十分不安。道士释梦，建议在武当山修庙，奉祀真武以镇克。紫霄大殿的修建是宋徽宗"甲午劫火，举者擎之南游"神话的结果，是其利用道教巩固封建统治的历史见证。

紫霄大殿重建于明永乐十年，是明成祖朱棣宣扬"天人合一，君权神授"的产物。据史载，明太祖朱元璋死后，太孙朱允炆继位，年号建文。建文皇帝继位后，感到各地藩王拥兵自重，对朝廷威胁很大，决定削藩。时为北平燕王的朱棣起兵反抗，经过四年战争，朱棣夺得皇位，建文皇帝在战乱中被迫流亡。朱棣坐上皇位后，为巩固政权，一方面派人四处暗访和追杀建文皇帝，一方面利用民间信仰，编造神话，宣扬他起兵造反得到过真武神的帮助，是"奉天靖难"，夺取政权是神的意志和力量；同时，宣扬真武神变化多端，每逢人间有乱，便变化形象来到人间平乱，救百姓于水火之中。暗示自己是真武变化之身，是"人神合一"。朱棣大修武当山真武庙，主要目的有四：一是利用真武神平定"以臣轼君，大逆不道"社会舆论，巩固政权；二是封武当山为大岳，为皇家庙观，实际上是另一种形式的封禅，标榜自己的武功文德；三是裁减军队，特别是建文时期的降军，全部派往武当山修庙，有利于社会安定；四是准备迁都北平，为营建北京城大练兵。紫霄宫等宫殿建筑群的兴建，是明永乐皇帝利用道教巩固政权的历史见证。

三、艺术价值

建筑的艺术价值首先是对某种思想认识的正确理解和对美学体验的启示，由于艺术的性质具有不言而喻和不连贯性，建筑的价值是将它清楚的表达出来。

紫霄大殿造型舒展，结构科学，彩绘精美，装修典雅；殿前匾额文辞之隽永、书法之美妙，令人一唱三叹，徘徊不已。其建筑形制、外观、体量、色彩、比例，尺度，韵律和秩序体现出一种古典的内在美，并与所处的环境高度和谐，有着非常高的美学价值。

紫霄宫前有三公、五老、宝珠诸峰，右为蓬莱峰，左为福地峰，背靠展旗峰，形同旌旗，气势非凡。紫霄大殿与展旗峰的比例约为1：10，是中国风水格局中"百尺为形，千尺为势"的生动写照。

大殿为重檐歇山，崇台高举。其他建筑依山就势，层层叠起，大小比例与周围古树名木合为一体，"虽由人造，宛若天成"，具有很高的艺术价值。

大殿屋面脊饰，卷尾大吻，游龙正脊，坐中宝瓶，凤翔龙飞，瑞兽朝奉，八仙各居其上，仿佛神仙降临。脊饰构件出自湖南雕塑名家张春泰之手，具有很高的艺术价值。

大殿内彩绘独具一格，其纹饰和内容都与道教有关，如八仙降福图、琴高跨鱼图、太子修仙图和二十四孝图等。不仅反映了清代初年的思想信仰，而且绘画水平高超，构图严谨，用笔遒劲，设色妍丽，人物造型准确，形象生动，是我国清代彩绘中的瑰宝。

大殿神龛内供有玉皇大帝彩绘泥塑，戴十二旒冕，着十二章纹冕服，手捧朝笏，神态安详。左右为金童玉女，捧册端印，神态温顺。玉帝前有真武执剑神像和三尊真武说法像，皆鎏金铜铸，是明代初期皇宫的供品，所有雕塑作品，均由当时全国著名工匠制作，代表着明代初年的最高水平，具有极高的工艺价值和艺术价值。

四、科学价值

紫霄大殿是我国明代早期建筑中保存最好的官式建筑。由于明代早期是中国木结构建筑发生变化的重要时期，中国古代建筑营造中的许多优秀的法式就诞生在这一时期。我国现存明代官式建筑极少，加上历代改建，明代早期建筑的实际情况鲜为人知，以至明代早期建筑的科学价值也未受到应有的评价。

在中国古代建筑史上，中国木结构建筑发展到唐宋时期是一个高峰，其标志是北宋李诚奉旨修编的《营造法式》。到了清代又形成一个新的高峰，即雍正十二年朝廷颁行的《工程做法则例》（允礼等编著）。但从设计手法、模数标准来看，两者均有很大的差异。《工程做法则例》中大木结构框架体系和斗栱的模数标准非常科学，它使中国建筑摆脱了唐宋建筑奉为金科玉律的大木结构中侧角、升起的做法和完全依靠斗栱来支撑屋架的欠科学的木结构体系。但这个发展从什么时候开始的呢？是什么原因导致的呢？由于明代建筑与清代建筑有传承关系，学术界普遍认为明代是木结构变革的时期，明代统治长达276年，其变革到底是早期、中期、还是晚期，学者们都在苦苦探索。因明代早期建筑存世少，特别是不少早期建筑在清代多次大规模修缮，导致面目全非，致使明代建筑的变革期至今没有定论。紫霄大殿建于明永乐十年，其结构体现出既不同于宋式也不同于清式的显著特征，结合明永乐年间的政治和经济因素，我们认为：中国古代木构建筑变革主要发生在明永乐时期。紫霄大殿作为这一时期代表性官式建筑，其研究意义非常重要。

为什么说中国木构建筑的变革是在明永乐时期。大家知道，中国历史上的变革无一不依赖政治与经济这两根杠杆，在这两个因素中，首先是思想政治因素。由于元代统治者对汉民族惨无人道的灭杀和政治上的歧视，明初统治者首先提出在思想政治上废除元代的章典、制度和价值观。这为破除游牧部落残存的奴隶制习俗，为思想解放留下了巨大的空间，人们开始有理由对作为上层领域的建筑制度产生怀疑。明初由于经济跟不上，建筑制度改革放慢了步伐。这是因为朱氏政权立国之初，经济需要一个较长的恢复期，明太祖朱元璋在很多事情上要求节俭。尽管皇帝提出废除元代各种制度，恢复唐宋章典，但由于建筑改革需要经济作后盾，因而无法开展。到了永乐皇帝登基，特别是永乐九年后，国家经济空前繁荣，以至国库中穿铜钱的绳子都腐烂了，粮库里的粮食堆成了山，地方上遇有灾荒，镇守官员可以先行开仓放粮，然后向朝廷报告。建筑改革所需要的各种条件已全部成熟，特别是永乐皇帝是历史上屈指可数的雄才大略的帝王，其胆识和才干使他促进和推动了这场对建筑的改革。

官式建筑追求气势磅礴、空间高大、材料精致、造型美观已成为这场建筑改革的首要任务。

官式建筑高大的空间要求，必然使建筑的各部构件发生变化。空间扩大，柱子升高，又必然导致建筑大木结构发生变化，特别是影响建筑向高大发展的"侧角"与"升起"也因此发生变化。

材料的精致又促进烧制技术的发展。制砖技术日益成熟，砖墙取代土坯墙，琉璃瓦取代了布瓦，引起了建筑出檐深远、屋面荷载大等一系列变化。

建筑结构、形制的变革，必然引起装饰、装修的变化，从而形成一套成熟的技术制度，并对后来的建筑进行示范指导。紫霄大殿就是这样的典范。紫霄大殿内含着中国古代建筑中许多科学技术，具有非常重要的科学价值（详见《中国古代木结构的巅峰杰作——紫霄大殿营造法式研究》）。

第四章　紫霄大殿修缮设计方案

一、设计方案说明

　　紫霄大殿始建于北宋宣和四年（1122年），自宋迄元代有延续。但从现场勘察和实测资料分析，明永乐十年，明成祖大修武当时，对紫霄大殿进行了彻底的重建。从大殿现存结构来看，大木圈梁结构、斗栱模数、装修手法等均是明代早期官式建筑中独有的做法。这种做法和制度，又因武当山列为皇家庙观，由皇室负责维修和保护，在明代276年期间得到很好的延续。至清代虽有多次修葺，但因前朝保护有佳，建筑主体保存很好，多为小修小补，或在装饰上加枝添叶。特别是清代中叶修建的屋面，在大木结构未动的情况下，融入了不少民间做法，这种做法非常科学，具有重大的研究价值。可以说，明、清时期我国古代建筑中的一些力学原理和美学法则在紫霄大殿中都有比较成功的运用。这些特点在此次维修工程中予以充分注意和保护。

1. 设计依据

　　《中华人民共和国文物保护法》（1982年全国人大常委会公布），《纪念建筑、古建筑、石窟寺修缮工程管理办法》（1986年），《古建筑木结构维护与加固技术规范》（GB50165-92），以及国家相关的法律、法规和有关技术规范、规程。

2. 工程目的

　　根据对紫霄大殿的现状评估和鉴定结论，确定本次保护维修工程为现状大修、全面加固和局部修复。即修补和加固残损构件，消除大木结构存在的病害和隐患及虫害。使大殿恢复原有的风貌和健康状态，延长使用寿命。

3. 设计原则与指导思想

　　根据《中华人民共和国文物保护法》中关于古建筑维修应严格遵守"不改变文物原状"的原则，借鉴国际上文物保护经验和联合国教科文组织关于要认真保护古建筑上不同时代遗传下来的修缮技术和方法。我们认为在这次修缮中，应侧重保护现状，尽可能保留历代能工巧匠在维修大殿的过程中所形成的独特技术和特征。对其结构、形制、用材、工艺等，原则上不作改动，对损坏的构件，按原时代风格、材料质地、规格式样进行修复。

4. 工程范围与规模

此次修缮保护工程的范围主要有：台基、墙体、大木结构、屋面、月台等，消除建筑结构上的一切病害和各种隐患；同时整治外围环境。

工程规模属于重点维修工程，是以结构加固处理为主的大型维修工程。其目的是加固保护文物现状和局部修复。

5. 保护措施

紫霄大殿历经不同时期、不同阶段的修缮，所以，结构比较复杂。这次维修材料规格繁多，要求严格，而实际施工难免不受到各种条件限制，为避免失误，保证工程质量，特将此次修缮中的设计和施工两部分分别加以叙述。

（1）局部落架

1992年至1993年期间，根据施工安排，对大殿木构开始维修。

大殿西檐翼角下沉是这次维修的重点。我们仔细检查了基础与墙体，并未发现有特殊的断裂，檐柱也未发现大的异常。顺至检查到大额枋时，发现大额枋向外凸涨，并引起平板枋扭曲，继而上层斗栱滑动散脱，最终导致角梁失去支撑而下垂。前人为了防止角梁发生问题，已对翼角作了支撑加固，上檐加支四根短柱，下檐加支四擎檐柱，这种做法，虽对大殿外观有一定的影响，但也起到了"一柱顶千钧"的作用。主要考虑大殿出檐大，角梁悬挑较长，角梁后尾交接的榫卯力学性能减退，拟原状保留八根支柱。如果能彻底除去病害，恢复翼角原有的力学功能，再考虑清除这八根支柱，以保持大殿原有的外形风貌。

为了彻底消除和解决这一隐患，平板枋以上木构件大部分必须落架。

落架前我们对所有的构件（除筒瓦、板瓦以外）都进行了编号、拍照和记录，对前檐的彩绘和殿内题记均用宣纸包扎保护。殿内可移动文物，凡能搬迁的，则请道教协会协助搬运到其他安全地方存放。对于不能搬动或不便搬动的神龛，则采取原地保护的措施。具体为：用木板将神龛全部封护起来，神龛顶部加盖油毡，为了确保安全，并用尼龙薄膜做成外罩，套在神像上面。神龛前两侧的铜像亦用同样办法予以保护。

落架维修基本方法是：先上檐后下檐，先外后内，先大木后装修。

落架大修的第一步是揭顶，将屋面瓦件和脊饰按编号归类，码放整齐，以便归位时准确和方便。然后拆卸木构件，并编上号，对构件进行认真检查，损坏轻微的进行整修，损坏严重的进行加固或更换。为了确保拆御后的构件能按原状归安，我们要求落架构件就近堆放。落架构件安装时，先内后外，先下后上。下架构件装齐后要认真检核尺寸，支顶戗杆，吊直拨正，然后再进行上架大木的安装。真正做到有条不紊，确保其真实性和原生性。

（2）台基加固

台基受潮，局部凹凸不平。对沉降的地面，先清除浮土、杂土，将地墁石抬起，然后在隐蔽部分用毛石混凝土填充平整，再恢复石墁地面。

台基四角，清代末年支有擎檐柱，柱下作石础；另在台基东南两边开有临时踏步石。在此次修缮中如果剔除擎檐柱则清除石础，对于临时踏步石予以清除，按原规制作石栏封护。

（3）立柱维修

立柱是支撑梁架的重要构件，维修中应逐个检查，区别对待。

立柱外表留有洞眼和卯口的，用相同的树种，按材质纹路，对所有的洞眼进行了嵌补。不规则的洞眼，根据其基本形态在嵌补粘接木材后，再用油灰刮平。

凡柱表皮局部槽朽、柱心尚好的，一律采用挖补和包镶法加固。柱子表皮局部槽朽，且深度不超过柱子直径1/2时，采取挖补的办法。具体做法是：先用铲子、凿子将槽朽部分剔除，并将外形修整成几何状，剔挖的面积以最大限度的保留柱身没有槽朽的部分为宜，然后用干燥的同类木材依样作形，以胶粘接，嵌入柱内，再用刨子或扁铲做成随柱身的弧形。

立柱槽朽面积较大，沿柱身周围一半以上，深度不超过柱子直径的1/4时，采用包镶法。具体做法为：用锯沿柱周开口，再用铁铲挖去槽朽部分，制新件拼填，用胶粘固，沿柱周以铁箍加固。铁箍大小，视加固面积而定，铁箍要求嵌入柱内。外皮与柱身等齐，以便油饰。

劈裂的柱子，缝小的用环氧树脂和石英粉堵抹严实，缝大的用木条嵌补。对于裂缝不规则的，用凿铲制作成规则槽缝，然后再用木条进行嵌补。

柱根部分槽朽的，采取墩接的办法进行处理。墩接时，新旧料之间要求锯刻规矩干净、严实吻合，并加暗榫固定，施铁箍包镶。

对西次间全部槽朽的童金柱更换新件。首先将与童金柱相关的梁、枋等构件支顶牢固，构件支顶高度要大于檐枋自身高；然后采取偷梁换柱的办法，偷出金瓜柱，按原有规格尺寸，制新件归安，并在沿金枋交接处加铁箍一道，增加其稳定性。

（4）梁架维修

三架梁：结构尚好，无大的裂隙。其传力安全，拟清理浮尘，嵌补自然干缩的裂缝。

五架梁：东次间北向五架梁上榫卯槽朽，挖补损坏的榫头，用韧性好的木材制作榫头与榫槽，以环氧树脂粘接，待滑脱的金瓜柱维修后，施铁箍加固归位。

单步梁：该构架在老檐柱与金柱之间，设置下童金柱，以单步梁相接，西次间架梁槽朽，采取挖补办法维修。首先，将槽朽部分剔除干净，边缘稍加归整，然后依照槽朽部位的形状用新料替补完整，再用环氧树脂粘合，施加铁箍加固，并用镙栓拴牢。

十一架梁：该梁架由两根拼接，每根长约8米，以燕尾榫咬合，设计非常科学。由于材料过大，榫卯咬合处因材料自然干燥收缩，略有变形，拟采取铁箍加固。其他局部略有糟朽。采取挖补法加固进行处理（具体办法同上）。

顺扒梁：南向、北向两根顺扒梁损坏严重，先挖补局部空鼓糟朽部分，然后作新件嵌填，以环氧树脂粘接，并施铁箍加固。

角梁：上檐老角梁后尾采取的椀槽悬挑下金檩，由于椀槽糟朽，导致老角梁滑动；下檐老角梁后尾插在老檐柱上，榫头滑脱。上下角梁因移位产生变形和裂隙，导致原有使用功能恶化，并引起相关木构件不均匀沉降。对上檐糟朽的角梁，拟采用粗大的硬质木材，经过干燥后，按原规格制作新件予以更换。为了防止材料干裂，在角梁前部加施铁箍；为了防止滑动，在老角梁与下金桁交合处以铁件拴牢，使角梁、下金桁、下金瓜柱形成一个整体；下檐老角梁，在修复榫卯后，后尾加铁件连同老檐柱拴在一起，形成一个整体。

挑尖梁：挑尖梁根据其糟朽的程度分别进行处理。完全糟朽的，更换新件；部分糟朽、残损的采用挖补、嵌填、粘接、加固的办法进行修缮。

挑尖随梁糟朽、丧失力学性能的，按原材料、原规格进行更换。

双步梁：局部糟朽的，先将糟朽部分剔除干净，边缘稍加规整，然后依照糟朽的部位形状用旧料钉补完整，并加环氧树脂粘固，由于面积较大，加施铁件拴牢。

大额枋：上檐大额枋较大，且下面分别由额垫板、博脊枋（小额枋）承托。为清除隐患，对于前檐大额枋糟朽、残破的，一律将其抬起，挖补糟朽部分，制新料嵌补，然后归安。后檐严重空鼓并塌陷，拟换新件。下檐前檐部分糟朽，采取挖补加固，后檐塌陷，拟换新件。

下檐次间北向西次间的一根"假"额枋，原系用四块木板拼用，内部却是空洞，由于受屋面重力的压挤，上层平板枋严重变形，两侧扭曲外凸，并导致斗栱、檐枋全部移位，翼角下沉，在此次修缮中按原材料、原形制进行更换。更换前将额枋上的彩绘纹饰用透明纸套描，以备新构件彩绘所用。

脊枋：由于脊枋上承托椽子及瓦件脊饰，西向脊枋因糟朽变质，经测算已不能独立承受压力，拟按原样更换新件。

其他枋类，维修办法如下：对劈裂的采用木条嵌补，粘接牢固；对变型扭曲的，将原件拆御后，反转放置，并加以一定的重压，进行校正，个别加铁件加固、归位。对缺散的拽枋，则按原规格、原材质添配新件。

在此次的修缮中，所更换构件的木材，先要进行干燥处理，然后依照原构件的式样、尺寸复制；两端榫卯应与相邻构件的旧榫卯吻合。

现存望板，仅剩檐口部分，且保存不好，修缮时，按规制进行修复。

（5）斗栱维修

紫霄殿的斗栱种类较多，结构复杂，且全部负力，不少斗栱受压变形，斗口挤裂，斗耳脱落，昂撕

裂或变形，昂嘴断裂。具体修复办法：

① 斗，虽劈裂，断纹能对齐者，粘牢加固使用。

② 斗耳脱落者，按原样配齐。

③ "平"变形者，垫小木板继续使用。

④ 栱，劈裂能粘者加固使用，扭曲变形者换新件。

⑤ 昂，断落者配新件，裂缝处粘牢加固使用。

⑥ 正心枋、拽枋、撑头木、耍头，凡劈裂的构件用螺栓加固灌浆粘接使用。部分糟朽者，剔除腐朽部分，用新料填补、加固使用。

⑦ 凡缺散的斗栱按同类规制做新件补齐。

（6）屋面维修

紫霄大殿现存屋面为清代维修所致，有着强烈的道教色彩和观念意识，特别是现存的做法，虽然改变了明代的官式面貌（与金殿对比），但未损坏大殿原有结构。特别是某些做法不仅有地方特点，而且设计也很科学。如为使翼角起翘，用一块弧形的铁板取代仔角梁，解决了原仔角梁起翘小的问题，设计巧妙，做工精细，具有很高的美学价值。可以说，现存的屋面（清代维修），是一个时代文化的沉淀，应很好的保留。

屋面维修方法如下：

对卸下的瓦件进行清理，用小铲铲掉瓦件上的灰迹，再用麻布清扫。由于大殿多次维修，屋面瓦件不齐，色调不一，应对此进行归类。缺少部分，依样烧制新件（注：维修中在清理大殿瓦件时，发现脊筒上刻有清代的题记"湖南长沙县铜官市张春泰造"，由此判断屋面瓦件脊饰来自湖南铜官，于是决定，专门派人到湖南购回同等质地、色彩的琉璃瓦等构件）。

考虑到南方多雨的特点，为防止渗漏，拟在望板上先做三油二毡防水层，具体做法为：在望板上浇热沥青一层，铺油毡粘固，然后再浇一层沥青，反复两次。为防止滑动，顺坡度钉有1.5厘米的横木条，每条相距25厘米，横条钉完后，要将钉眼用沥青封护，防止漏雨。油毡上使泼灰和麻刀（20：1）调均作护板灰。护板灰上作麻刀灰背厚3厘米，拍实，其上再作一层麻刀灰。在施麻刀灰背时，将灰背降低到最少的限度，并适当提高底瓦的密度，以避免雨水倒灌，最后挂瓦。在上瓦时，将仅存的旧瓦集中放在前檐，杂色旧瓦则分别使用在后檐，不够则补充新瓦，两山面则全部为新瓦件。

正吻与正脊，按原位归安，残缺部分按原样质地进行修补。原有脊饰的脊桩和穿插用的木条，由于雨水浸蚀多已断裂和糟朽，在此次归安时则改用钢筋条代替，并用直径6毫米的钢筋条将两边垂脊串连起来。吻背铁戟加施防锈漆。正脊修复后增加铁件固定。脊筒完全酥碱者，补配新件。

翼角：岔脊上垂兽不少部位琉璃脱落，尤其是翼角系多件拼合，损坏最多。在维修时尽量保存旧件，用铁箍和化学材料粘固使用。实在不能用者，参照原样补配新件。

翼角龙凤承托的铁板生锈，并失去力学性能。此次修缮中改用不锈钢板，按原样制作代替。

博脊：现存博脊仅用灰浆堆砌，且龟裂呈数块，拟按传统做法，恢复。

当沟：原有当沟系用白灰勾抹，其上画有纹饰，因雨水冲刷，已毁，此次改用耐水耐晒的丙烯颜料按原纹饰描画。

其他屋面构件：此次修缮拟恢复垂兽前的灵官和翼角下的八仙人物，使脊饰更加符合原有的时代风貌。

（7）墙体维修

山墙上馒头顶不平的，用择砌的方法进行修补，使之平齐。并修补空鼓、剥落的抹面灰层，具体办法是：以大麻刀灰打底，麻刀灰抹面，用扎子赶光，按原色调套色作旧。

（8）地面维修

殿内方砖地面残损，先清除地面上填补的部分水泥和碎石，然后用灰膏、砖面灰、青灰调配的砖药（按6∶3∶1）修补整齐。严重破损的地砖，则按原尺寸制作新砖，按原规格重新铺墁。铺墁后通体桐油钻生。

（9）装修

① 槛框：明间后檐因潮湿，上槛部分糟朽，拟用挖补法修复，加铁件固定。后檐西次间严重糟朽，更换新件。下槛，原则上加固使用，不做更换。

② 隔扇门窗：修补榫卯，先用环氧粘接，再对每扇门窗抹角处加施90°角的角钢，并用镙丝固定。为了避免关启受到影响，角钢在嵌补时，将抹头顺方向挖出小槽，并用油漆腻子刮平。

拆除西次间在隔扇门上开凿的小门，按同类式样作复原修复。凡隔扇、抹头、边梃部分糟朽的，采取剔补法加固使用。绦环板、裙板糟朽的更换新件。菱花缺损的，按原样制配新件。

拆除明间背立面隔扇门上添加的木杆，为了保持旧件，拟对隔扇门两边梃进行更换，其他仍按原样归安，恢复其开启的功能。

③ 天花藻井：天花板井口木脱位，拟归位加固，散失的花板配制新件。藻井间木雕蟠龙因木材收缩，不少地方出现裂纹，修缮中用嵌补法补齐裂缝，用刻刀修除多余部分，做到与原件齐平。裂缝大的地方，补上木材后，另加铁箍固定。

（10）月台及其他石构件维修

月台两侧有民国年间用青砖围砌的花坛，种植花木，由于雨水渗透及植物根系攀附，造成月台陡板石严重错位，压面石因此向前滑动。拟将花坛拆除，并将坛中木本植物移走。再将条石编号、重新归砌（注：在拆除的过程中，我们发现月台两侧留有部分象眼石和阶条石。由此可知月台两侧都有台阶，于是参照其他宫观同类月台，利用残留的石件，做了复原）。

紫霄殿崇台上原配有寻杖石栏杆，由于年久失修，不少栏杆的石构件散失，在此次维修中对散失的

石构件进行添配，所添配的材料按原石质，选择颜色均匀，无裂缝污点的石料进行制作；酥碱、残损严重的石栏杆拟制作新件，隐蔽处施水泥加固。

散水残损的用剔凿挖补的方法进行修补，倾斜的进行调整，散失的构件，按现存石件的形制和材料进行添配。

月台上的石栏杆，地伏石严重残损，用剔凿挖补的办法进行修补；散失的，根据现存地伏石的样式，按原材料、原工艺进行添配。

天乙泉上石雕玄武严重残损，先去除杂土，加固基础，然后根据残损构件进行拼接；原有石栏杆散失的，根据残存的石构件进行修复。

金沙坑位于殿后崇台的陛板上，高仅80厘米，仿木构歇山式抱厦石雕，根据其位置与体量判断，当系一小型神龛，保存较好。清理龛内杂物，铲除苔藓，填补白灰。

（11）油漆彩画

① 彩绘：大殿外部彩绘按原样修补，色彩清晰、线条清楚的一律不动。彩绘空鼓的，刷胶粘固复位。色彩脱落、线条残缺的，按原状绘制修补复原。在维修中，要求用相同类型的矿物颜料，以保持颜色的持久性。

大殿斗栱彩绘，除下檐前面斗栱绘有彩绘外，外檐其他斗栱均无彩绘。彩绘颜料主要用群青、粉绿、赭石三种色块，在色块相交处以白线勾勒内围，以黑线镶边，十分富丽。由于山区气候潮湿和日照频繁，不少地方色彩脱落。针对这种情况，我们对上下檐斗栱彩绘采取了区别对待的办法。

下檐斗栱采用传统的矿物颜料，按斗栱原有的色彩，对两侧面和后檐原没有彩绘的斗栱进行了彩绘复原。对前檐外面原有彩绘斗栱，采取了补描和填补空白的办法，进行修补。全部颜色做完后，为了避免前后檐新旧色彩之间的差异，对新补的颜色进行了做旧处理。

上檐斗栱原来没有彩绘，此次复原，我们对颜色质地进行了分析，由于下层原有色彩受气候影响保存较差，因此在做上层斗栱彩绘时，应考虑选择一种耐水、耐日照的新型颜料。经过分析比较，拟采取目前国际上比较流行的丙烯颜料，这种颜料十余年前在北京机场使用过，直到现在，画面效果非常好。特别是这种颜料防水耐晒，而且经历不脱色，附着力强。颜料选定后，仍按下檐斗栱的彩绘谱子，对上檐斗栱全部进行了彩绘（注：施工证明，上、下檐不同质地的彩绘，在外观、色彩、式样上几乎没有什么区别，十分统一，效果良好）。

殿内彩绘，小额枋以上、天花以下所有木构绘有苏式彩绘。主要内容为八仙过海、封神故事和二十四孝图。由于彩绘脱色十分厉害，拟对其进行补描（注：1995年5月，国家文物局郭旃来工地视察，并对彩画进行了认真的检查，认为彩画水平很高，不是一般工匠所能修复。嘱咐最好不要动，根据这一意见，殿内彩绘原样保留，不作改动）。

② 油饰：大殿由于历史上多次进行过漆饰，并留下了很多痕迹。为了确保工程质量，我们对大殿原

有的木构进行了认真的清洗。清洗后对木构上留下的洞眼进行嵌补。用灰油刮后以油满灰刷二遍，干后磨平擦净，再用抹细灰找平。油漆颜料拟用紫红色醇酸磁漆（由于市面上无法购买此种色调磁漆，经与双虎涂料集团联系，专门予以定做）。油漆做法：凡柱做三油四灰。梁架三油四灰。装修二油三灰。天花以上、室内梁架刷桐油二遍。天花板上的沥粉彩画，凡脱落者按原样施补，沥粉厚度要与原件一致。

原有彩绘中贴金部分，原则上先不动，待维修后视经济条件再做修补。

下檐立柱及装修在做漆前先做一层防火漆（详见防火部分）。

（12）防腐、防虫、防火处理

① 防腐：木材腐朽和虫蛀是造成古建筑破坏的重要原因，其主要天敌是木腐菌和危害木材的昆虫。在大殿维修中，要尽量避免木材淋雨受潮，大木构架要保持通风，防止木腐菌繁殖。所有新旧构件用水溶性硼铬作防腐剂处理。

上檐山面原有通风窗原样保留，以维护原有大木构架通风系统。

② 防虫：紫霄大殿虫害主要有白蚁、粉蜡、天牛和一种黄色的土蜂（当地称钻木蜂），特别是这种钻木蜂在产卵时将木材钻空，形成木构件的心腐和心蛀，对承重木构件造成很大的威胁。根据我们以往在维修复真观和磨针井施工的经验，拟采取杀灭和驱赶的办法进行治理（详见《古建筑防治虫害的一种新型办法——武当山紫霄大殿等古建筑利用昆虫嗅觉采取长效熏杀和驱赶防治虫害的研究报告》）。

③ 防火：紫霄大殿几乎全部是木构件，而且木材经数百年，材质干燥，易于燃烧，必须对部分木构件作防火处理。目前，国内主要使用无机化合物防火剂，如磷酸氢二铵、硫酸铵、氯化锌、硼砂、硼酸和三氧二化锑等。现根据实际财力，拟采用膨涨型丙烯酸乳胶防火漆涂敷易接触火源的部分，重点是大殿下檐木结构，以达到小火不燃，防止初期火灾的扩展和离开火焰能自行熄灭的作用。

另外，施工前，大殿后檐台基东西各安置一台高压喷水装置，拟请公安部门协助购买，确保大殿全部控制在消防安全网内。为防万一，大殿前的日池、东侧的月池蓄水备用，并另在后侧增加100立方米的消防池。

6. 施工注意事项与要求

施工前用木条做成大型包装罩，将殿内所有不能移动的文物及塑像罩住，外套布帘和油毡保护。

添配的砖瓦，规格照图，质量要求：色泽合度，无蜂窝、沙眼、裂缝，抗压力不得低于100号。添配的木材，要求使用与原件同一材质，若没有，则用一等红松代替。凡圆形构件，必须使用轴心材。

有卯榫的构件，其卯榫应在安装时开凿，确保交接严实。

加固的铁件，制作要规整，连接要牢固，部位要得当，并尽量做到不影响外观。

施工中，必须建立科学的记录档案。施工前对大殿每个构件逐一拍照、记录、登记入档。施工中各个大环节要进行记录和拍照，若发现题记、榫卯、隐蔽结构有新情况要进行测量、绘图和拍照。

凡添配修补的构件，要制表登记。换下的残件要集中堆放保管，以便今后研究之用。

现存木构上的题记，在施工中要用软纸，外套棉花包裹，以防磨损和碰撞。揭瓦后，还需加盖塑料薄膜以防雨患。

为确保工程质量，施工队伍的选择必须征求领导小组的意见。经过考核合格方能投入施工。

施工中严禁烟火，开工前甲乙双方均需指派专人担任安全员。制定安全检查制度，每天按时检查防火安全。

施工中必须按规范搭好脚手架，要求立杆要垂直，顺杆要水平，扣件要牢固，马道要合理，确保施工安全。

施工单位应严格按照文物主管部门批准的设计方案施工，若发现现状与设计方案不相符的地方，应立即停工。上报设计单位，作出设计变更，并报请文物主管部门批准。在未得到文物主管部门批准前，严禁继续施工。

7. 工程计划与概算

紫霄殿拟定 1992 年开始施工，同年底大殿下檐大木作完工；1993 年大殿上檐大木作完工；1994 年琉璃屋面盖瓦、装修、崇台、地墁、油漆彩绘、防虫防鸟害等全部竣工。

工程修缮费用预算为 150 万元。由湖北省文化厅、湖北省民族宗教委员会和武当山道教协会共同筹资，每方各筹 50 万元。

为节省资金和确保工程质量，维修工程采取直营方式进行。

二、修缮工程实施细则

梁 架

构件名称	材料质地	损坏及残破现状	维修办法
扶脊木	木材	直径34厘米，由于其他木构遮挡，目前无法探明全部保存情况，从露出部分看，保存较好	原则上不动，施工中若发现损坏，挖补加固修理
脊檩	木材	直径40厘米，部分开裂	施铁箍加固
脊垫板	木材	截面35×15厘米，部分糟朽	剔凿挖补粘接加固
脊枋	木材	截面35×20厘米，次间局部糟朽。明间有题记，东头为：大明永乐拾贰年圣主御驾没救建；西头为：皇清光绪拾肆年蒲月吉日众首士既住持重修	明间脊枋拟用宣纸包裹题记，外加尼龙薄膜套扎。次间脊枋系直接受力的构件，若糟朽面积过大、过深，拟换新件
脊瓜柱	木材	直径43厘米，高114厘米，保存尚好，原有铁箍一道	清理查补
上金檩	木材	直径34厘米，局部糟朽	拟挖补后用铁件加固
上金垫板	木材	截面35×15厘米，局部开裂	铁箍加固
上金枋	木材	截面35×20厘米，保存一般	原则上不大动，清理加固
上金瓜柱	木材	直径43厘米，高57厘米，保存尚好，原有铁箍一道	原则上不动，清理加固
金檩	木材	直径34厘米，部分糟朽	剔凿挖补和铁件加固
金垫板	木材	截面35×15厘米，部分糟朽	挖补加固，丧失力学性能的换新件
金枋	木材	截面35×20厘米，部分糟朽	挖补后施铁箍加固
金瓜柱	木材	直径43厘米，高199厘米，原施有铁箍，东向瓜柱有劈裂纹，现由铁件加固，上有红色纸墨书对联，已残。南向金瓜柱亦有对联，字迹不清。北向金瓜柱严重糟朽，榫卯处开裂，与之搭交的三方木构，均用木柱支顶。瓜柱上书有黑色X符号，估计可能是最后一次维修时来不及处理而遗留下的	东次间，西向金瓜柱糟朽，现已丧力学性能，又承托着五架梁，且为清末民初时期的更换件，拟制新件更换。更换时先将与之交搭的构件支顶加固后，偷出金瓜柱，然后制新件归位，并在沿金枋交接处加铁箍一道，以加强其稳定性，其他局部糟朽的，采用挖补办法修复；同时，对残存的墨书对联进行封护保护
三架梁	木材	截面46×34厘米，长400厘米，基本完好	只做护理性处理，原则上不大动
五架梁	木材	截面46×38厘米，长700厘米，东次间北向，因金瓜柱糟朽，致使梁架局部糟朽	待金瓜柱维修后，施铁件加固归位。同时挖补加固糟朽梁架

构件名称	材料质地	损坏及残破现状	维修办法
单步梁	木材	截面45×37厘米，长205厘米，下檐西次间糟朽	原则上加固挖补，下架检查，若全部糟朽，换新件
下金檩	木材	直径34厘米，保存尚好	只作加固和护理性处理
下金垫板	木材	截面35×15厘米，保存尚好。东次间，北向下金垫板上题有墨书：大清嘉庆八年典工，二十五年元工，木匠陈明万、子乔仁。北次间有墨书题记：大清嘉庆八採木典至二十五年吉月元工，共用银两约五千两零	维修时，重点保护题记，用宣纸包裹，外加尼龙薄膜捆扎。其他只做护理性处理
下金枋	木材	截面：35×20厘米，局部糟朽	用挖补办法修理，铁箍加固
下金瓜柱	木材	直径43厘米，高104厘米，沿金枋下施有一道铁箍，保护较好	只做加固和护理性保养
老檐檩	木材	直径34厘米，局部糟朽	嵌补裂缝，铁箍加固
挑檐檩	木材	直径32厘米，局部扭曲变形，糟朽	变形者先校正归位，施铁箍加固，其他挖补维修；严重糟朽的，换新件
十一架梁	木材	截面52×38×1620厘米，由两根大木组成，交接处以燕尾榫咬合，局部起翘，总体保存较好	做保养性护理。燕尾榫咬合处起翘施铁箍加固
顺扒梁	木材	截面规格52×38厘米，D轴线上两金柱间顺扒梁严重糟朽，局部空鼓	挖补糟朽部分，做新件嵌填，施铁箍加固，因该材料较大，下部有内槽斗栱承托，原则上不换新件
上檐平板枋	木材	截面22×34厘米，大部分弯曲变形，保存不好	因该件承托斗栱，故严重变形糟朽的换新件；局部变形的校正归位
上檐额枋	木材	截面74×35厘米，大部分变形，尤以西北角最为严重，部分糟朽后塌陷，而引起斗栱散脱	前檐部分，校正变形构件，归位使用。后檐，因糟朽一空，换新件
随梁枋	木材	截面75×28厘米，保存较好	原则上不大动、嵌补裂缝
上额垫板	木材	截面90×15厘米，保存较差，局部起凸、残缺	校正变形的板枋，修补空缺，施环氧树脂粘接
上檐承椽枋	木材	截面50×28厘米，保存较好	只做加固和护理性处理
花台枋	木材	截面48×26厘米，保存较好	只做加固和护理性处理
檐檩	木材	直径34厘米，部分糟朽，个别空鼓已丧失原有功能	因檐檩直接承重，严重糟朽变形的全部换新件

构件名称	材料质地	损坏及残破现状	维修办法
挑檐檩	木材	直径32厘米，部分糟朽	糟朽的换新件
单步梁	木材	截面50×36厘米，保存较好	只做加固和护理性处理
上、下檐角梁	木材	因角梁处于隐蔽处，目前无法探明具体情况，仅从檐部下沉情况分析，上檐角梁大部分糟朽，特别是后尾滑脱	角梁是大木构件体系中重要部位，承托翼角部位的瓦件和脊饰。所有构件加固处理，个别糟朽者换新件，并加施铁件与后尾交接木构固定
下檐平板坊	木材	截面22×34厘米，大部分外形弯曲，部分糟朽	变形者校正，归位使用，个别严重糟朽者换新件
下檐大额枋	木材	截面58×26厘米，前檐及两山局部变形，北向西次间为木板拼合的"假额枋"已变形，严重糟朽	前檐及两山校正弯曲变形构件，加固使用；后檐部分"假额枋"换新件
由额垫板	木材	截面34×14厘米，前檐及两山保存尚好，后檐严重糟朽	前檐及两山加固使用；后檐部分换新件
小额枋	木材	截面45×30厘米，后檐糟朽，其他尚好	后檐糟朽的拟换新件；其他加固使用
檐柱	木材	参照设计图编号。A1直径54厘米，上下原有铁箍加固，现上面铁箍散失。A2直径54厘米上部铁箍脱。A3、A4直径54厘米，保存尚好。A5直径53厘米，上部开裂2×40厘米。A6直径51厘米，下部铁箍散失。B1直径43厘米，下部轻度糟朽。B6直径45厘米，柱身有榫眼，下部轻度糟朽。C直径54厘米，下部轻微糟朽。D1D6直径54厘米，柱脚糟朽，E1、E6直径53厘米，柱脚糟朽。F1、F6直径54厘米，部分糟朽。以上共二十根	檐柱靠山面部分，柱脚不同程度糟朽，前檐部分尚好，后檐部分因受天乙泉潮湿影响，损坏较重。拟两山檐柱用挖补法，做加固处理。前檐A柱做木条嵌补，凡散失的铁箍按原样打制归安。后檐严重糟朽的柱子，采取墩接加固
老檐柱	木材	直径64厘米，共十四根，保存尚好	只做加固和保养性护理
金柱	木材	直径76厘米，共四根，检查中发现沿主神龛相交处部分柱皮糟朽，轻度损坏	原则上做加固和护理性保养，个别地方剔除糟朽皮面、包镶同质木材

56

斗 栱

构件名称	材料质地	损坏及残破现状	维修办法
下檐平身科	木材	平身科作双昂五踩花台镏金斗栱。以11厘米为斗口，栱高二斗口，每跳三斗口，四十六攒。因其结构复杂，各部互相交搭有效截面小，不少构件发生移位、扭闪和变形，部分大斗卯口开裂，小斗滑脱，斗"平"压扁变形，斗耳断落。尤其是明间前檐斗栱，大部分昂嘴断脱，损坏严重	先清理残坏构件，由单个构件开始修理，然后整攒归整，不做大的拆御。具体办法是：劈裂两半的斗，只要断纹能对齐的，粘牢加固使用，斗平被压扁的垫硬薄木板补齐。劈裂未断的栱，施铁件加固，严重糟朽不能使用者，拟用硬杂木依样换新件。前檐明间断裂散失的昂嘴，以硬杂木补配与旧件相接和榫接，施铁箍加固
下檐柱头科	木材	柱头科作五踩双昂斗栱，置桁椀木，以龙尾撑头木挑在老檐柱上。以11厘米为斗口，栱高二斗口，出跳三斗口，共十六攒。部分撑头变形、劈裂	更换严重损坏的构件，榫卯待安装时根据实际情况开卯，以保证交搭严密，其他局部小构件维修，采用平身科维修办法
下檐角科	木材	斗口11厘米，栱高二斗口，出跳三斗口，共四攒。保存不好，其中西角、北角，倾斜严重，整攒斗栱偏离轴心，十八斗、三才升、搭角把臂厢栱，搭角正头昂、斜角头昂，由昂等与之相交的构件太部分脱榫，导致构件变形、劈裂	维修时，根据实际情况，先支顶上部承重木构，逐步将散松的斗栱构件归位。以硬杂木修补十八斗、三才升。以铁箍加固劈裂的厢栱、昂头，严重断裂而又直接受力的构件，拟做新件。所有新件、榫卯在安装时，根据实际发生情况开凿，以保证搭交严密
上檐平身科	木材	平身科作七踩单翘双昂斗栱，11厘米斗口，栱高二斗口，出跳三斗口，共四十四攒。部分拽枋闪脱，尤其是外拽枋更为严重，导致十八斗、三才升滑脱	上檐斗栱因受风雨侵蚀严重，损坏较多，且大部分小斗糟朽，做新件替补。更换严重糟朽的外檐部分构件，具体维修办法同前
上檐柱头科	木材	柱头科作七踩单翘双昂斗栱，11厘米斗口，栱高二斗口，出跳三斗口，共八攒，部分损坏	着重维修外檐部分，具体维修办法同前
上檐角科	木材	角科斗栱以西角损坏最严重，整攒斗栱向外歪闪，各部搭交处几乎全部散脱，所承拽枋下陷，现用一根方木支顶。北角亦向外闪出1至5厘米。其他两角亦有相同情况	因檐部拽枋及飞椽等遮挡，目前无法探明所有糟朽变形的构件。在维修时，逐一清理，找出损坏原因，然后针对实际情况修理。原则上凡受力而损坏严重的构件，更换新件
内槽斗栱	木材	斗口11厘米，栱高二斗口，出跳三斗口，共四十攒，部分损坏	维修方法同前
隔架斗栱	木材	斗口11厘米，栱高二斗口，正心双翘。共三十二攒，部分损坏	维修方法同前

装 修

构件名称	材料质地	损坏及残破现状	维修办法
隔扇门	木材	明间,前檐六扇,五抹头,三交六椀棂条,纽花发意头纹裙板,规格:363×122厘米(长×宽),保存一般,棂条部分脱落。后檐六扇,形制同前檐,但扇门下部不知何原因,绦环板拦腰锯掉,现存规格340×122厘米(长×宽)且保存不好,木质大部分糟朽,现由几根支条支撑,并将门用横木钉死,不能开启。左、右次间,共八扇门,五抹头,三交六椀纽花如意纹裙板,规格112×48厘米(长×宽)保存较差,部分菱花散脱。左边第三扇门裙板上另凿有一个小门,供道士临时出入用,制作随便,外形较差,影响扇门的整体效果	该隔扇门由于年代久,开启次数多,边梃、抹头榫卯脱榫,修缮时先归安校正抹头和边梃,接缝加楔和重新灌胶粘牢,并施加丁字角钢加固。边梃抹头严重糟朽的换新料,按原形制添配。凡棂条散脱的,以胶粘固,散失的依样配制,单根做好后,先进行试装,完全合适时,以胶与旧棂条拼合粘牢,大面积新旧棂条搭接,接口要抹斜,背后施铁件加固。明间后檐隔扇门,拟恢复原有形制,在材料使用上尽可能使用原有抹头、棂条、裙板、绦环板,去掉临时支撑的木条,增施铁件锁固,封闭第三扇裙板上新开小门,并对原门进行修复
槛框	木材	上槛规格16×18厘米(高×厚),长依开间;下槛规格29×20厘米,长依开间,抱框规格363×8×15厘米(长×宽×厚),樉柱规格363×16×20厘米,前檐明、次间槛框基本完好,后檐明间槛框严重糟朽	前檐槛框只做清理修补。后檐依原有规格换新件。该处靠近天乙泉,材质要求选用一级湘杉,该材耐腐性强,而且材心不生虫。在制作前还应做防腐处理
隔扇窗	木材	规格241×87厘米(长×宽),三抹头,三交六椀棂条保存一般,部分棂条散脱	棂条散脱的,以胶粘固,缺损的,按原样制新件,拼合粘牢
藻井	木材	木顶框楅规格15×15×480厘米,四根,15×15×480厘米,四根,15×15×200厘米,四根,共三套,保存尚好	维修时只做清理加固
井口板	木材	规格80×80×3厘米(长×宽×高),部分开裂,保存一般	以胶粘合开裂处,裂纹大的,加嵌木条加固
神龛	木材	大殿现有神龛七座,其中两座为活动神龛。主神龛为石须弥座,中为柱身,上为屋顶,楼阁式。部分神龛支架脱榫,局部残破,装修板散失	凡脱榫的,加施银锭榫加固,严重滑脱的地方,施铁件加固,凡装修板散失,依样做新件。糟朽的,采取挖补法修缮
神像		神龛内供奉有玉皇大帝、男女胁侍、真武、圣父母、赵天君、关天君、马天君、金童、玉女、水将军、火将军等,保存较好	不做修缮,只清理神像表层浮土

石 件

构件名称	材料质地	损坏及残破现状	维修办法
地基	火山碎屑岩组、云母石英片岩组	局部出现凹凸不平的沉降现象，集中体现在天乙泉浸漫的地方，可能为流水所致	凡沉降的地段，在其隐蔽部分用毛石混凝土填充
大殿台明铺地石	青石	方石规格100×100×15厘米，共二十九块，残破十六块	剔凿挖补残破部分，以同质地青石填补
压面石	青石	规格180×60×15厘米，共七十五块，残破三十一块，部分压面石移位	归整移位的压面石，择砌严重残破的青石，隐蔽处施水泥加固，散失的换新件
分心石	青石	规格144×235×15厘米，一块，下部残破	挖补分心石酥残部分，以同类石料打砌填补
散水	青石	规格90×45×15厘米，共七十二块，残破五十八块，部分变形移位	先调整好倾斜角度，再依次修补残破石板
陡板石	青石	规格180×60×15，残破二十块。F角移位	剔凿严重残破部分，以同类石填补，调砌F角陡板石，使其归位
寻杖石花栏（大殿台基四周）	青石	每套规格210×80×14厘米，其中望柱135×20×20厘米，地伏石210×40×15厘米，散失三十九套	以同类青石按现存式样打制，恢复原有规制
铺地方砖	青灰砖	规格60×60×10厘米，十字缝砌法，共一千二百四十七块，几乎全部残破	原则上不大动，只清除后人在地面上添补的部分水泥和形制不规的石料。凡严重残破者，用灰膏、砖面灰、青灰调成的砖药（按6∶3∶1）打点齐整，然后通体桐油钻生
铺地石	青石	规格72×72×15厘米，共九十六块，十字缝砌法，残破八十块	剔凿严重酥碱变形的地面石，其他局部残破的用白灰、糯米、白矾合成灰浆勾抿，完全毁坏的，换新石
拜石	青石	拜石一块，规格145×100×15厘米，上刻浮雕海水纹，大部分花纹磨平	按原状清理加固，不做修补
石玄武	青石	圆雕，后尾与父母殿崇台连在一起。基座石规格145×135×15厘米，龟身113×85×80厘米（长×宽×高），龟头原为活动石构件，现散失，蛇身残。龟内原有流水槽、泉眼等	清理苔藓等杂物，修补蛇身，按现状补齐石料，以环氧树脂（#6101）、乙胺粘接剂（按100∶7）粘接。查找资料，按同类造型恢复龟头。查明龟内构造，疏通流水

构件名称	材料质地	损坏及残破现状	维修办法
天乙泉口	青石	泉口为四方形，250×200厘米。泉口由青石围砌，砌石局部残缺。沿泉口原置有石花栏，现已散失，仅存地伏石	按原条石规格补砌泉口。按现存地伏石规格，恢复原有石花栏，清理泉底杂物
生活泉口	青石	天乙泉东，供道徒生活用水，泉口呈不规则方形，无砌石，仅凿岩而成	根据现存形制，以青石围砌泉口，清除泉内杂物，修补四周地面，施石栏杆
金沙坑	青石	仿木构歇山式抱厦石雕，面阔60×进深25×高80厘米，保存尚好，坑内填满杂物	清除表面苔藓及坑内杂物，弄清原有结构及用途，恢复原有规制。
东西院铺地石	青石	规格78×78×15厘米，共二百二十块，其中二百零八块残破	按原规格找平，修补残破的石板
阶条石	青石	规格宽40、厚15厘米，共三十四块，其中十七块残破	阶条石处于台基临面处，易损坏，拟剔除残破石，更换新石
石花栏（三层崇台）	青石	规格210×80×14厘米，共九十六块，八十四块残。现存花栏十八套，其中望柱残三件，其他尚好	剔凿挖补残破件，严重酥碱的换新料。采用铁件锚固与粘接相结合的办法加固
陡板石	青石	约三分之一酥残风化	剔补严重风化石件，采取加固处理
功德碑	青石	月台现有功德碑十二通，系现代立	将功德碑移至他处保存
铺地方石	青石	规格75×75×15厘米，共一千八百九十八块，一千七百五十三块残，凹陷地面多以水泥填充低凹部分	基本不动，只剔除水泥填充部分，换以同类青石，然后打去荒料，找平
石甬路	青石	规格不一，大部分保存不好	凡破碎风化的，原则上换新石料
牙子石	青石	规格不一，保存不好	剔除酥碱石料，统一规格换新料
如意踏步	青石	踏跺石大部分龟裂，现以水泥填充其低凹部分	剔除水泥及酥碱的石料，按现存地面补齐石料，然后找平补砌
石花栏（大殿后护坎）	青石	规格210×80×14厘米，其中望柱135×20×20厘米，地伏石210×40×15厘米，原有六十套，散失二十三套。现存石栏中望柱残六件，花板破裂四块	按原有规格配齐石花栏。修补断裂的望柱及石花板，以铁件锚固及粘接
花坛	青石	第三层崇台上砌有花坛	拟移至他处

山墙、屋面

构件名称	材料质地	损坏及残破现状	维修办法
山墙	灰砖	墙厚90×高396×长5560厘米，墙身均有抹面，抹面局部酥碱起皮。砖檐为馒头顶，顶部凸凹不平	择砌馒头顶，使之平齐。补修空鼓的抹面，具体办法是：以大麻刀灰打底、麻刀灰抹面，扎子赶光，按原色调套色作旧
灰背	麻刀灰	现存瓦面，除出檐部分做有望板外，其他采用望瓦形式，瓦上作灰背厚约4～5厘米	施望板，作沥青油毡防水层，防水层上钉防滑小木条，按传统办法苫护板灰和麻刀灰
底瓦	琉璃	现存底瓦规格不一，色调不齐，主要有蓝、绿、黑色疏璃件，亦有部分青灰色	清理瓦件，统一规格，原则上相同规格，全部还原使用，缺失部分，烧配同类瓦件
筒瓦	琉璃	现存瓦件规格不一，色调不齐，主要有孔雀蓝色，其他为黑、绿、黄色	清理瓦件、统一规格型号，以原有孔雀蓝色调为主，凡相同的瓦件，全部还原使用
钉帽	陶质	现存瓦面上檐作钉帽六排，下檐作四排，钉帽规格不一，色调为黄色陶釉，不少钉帽散失	因钉帽质量较差，规格不一，且残破严重，原则上移至另处使用，拟换孔雀蓝新件使用
瓦垄	琉璃	现存瓦垄，上檐正面七十二垄，山面六十垄。下檐正面九十八垄，山面八十二垄。由于瓦件规格不齐，捉节夹垄灰大部分剥脱	按原瓦垄恢复上下檐。以传统办法，捉节夹垄，上口与瓦翅处棱平，下脚与上口垂直，并赶轧光实
大吻	琉璃	规格长195×宽63×厚27厘米，龙头卷尾黄绿色相间，保存尚好	按现存形制拆卸清理
正脊	琉璃	规格长120×高34×厚18厘米，由六条飞龙组成，色调为黄绿相间，保存尚好	拆卸清理后，严格按原样归安
翼角	琉璃	上层翼角饰琉璃飞龙，色调黄绿相间，除东檐保存较好外，其他损坏。下檐饰振翅彩凤，色调黄绿相间，南檐保存较好，其他损坏	上下檐飞龙彩凤系多件拼合而成，编号拆卸，凡缺损的构件，按现存构件式样大小重新烧制，配齐四檐
垂兽	琉璃	规格长110×宽40×厚26厘米，卷龙形，色调黄绿相间，保存不好	编号拆卸，凡损坏的构件按原形制烧新件，补齐归安
垂脊	琉璃	规格高60×宽40×厚20厘米，系黄绿相间莲花脊筒拼合，保存不好	编号拆卸，损坏部分烧新件补齐，按原规制修复

构件名称	材料质地	损坏及残破现状	维修办法
围脊	琉璃	由镂空浮雕人物故事和吉祥花鸟组成,烧制和砖砌,砖砌部分可能为后来修缮时所为,颜色为绘制,烧制部分为琉璃罩面	考虑到下檐木构大修,围脊要拆卸,先全部编号,按东南西北方位分方向码放,然后逐件清理和修补
博脊		现存博脊为抹灰,做法简单,且龟裂为数段	拟在现存形制基础上,加施正当沟+压当条+博脊连砖+博脊瓦
排山沟滴	琉璃	规格不一,色调为孔雀蓝琉璃瓦,瓦垄错位,钉帽散失	按传统办法维修,勾头坐中。补齐钉帽,堵死燕窝缝
套兽小兽	陶质	黄色陶质件,保存较好	按原样清理和加固

油饰、彩绘

构件名称	材料质地	损坏及残破现状	维修办法
油饰	油漆	大殿柱、梁、枋等木构施紫红漆，地仗为单披灰。局部更换件为刷红土和桐油，大部分油饰脱落	室内按原工艺，作单披灰，施二油三灰；室外檐柱、槛、枋等施三油四灰，全部使用优质磁漆
斗栱彩绘	矿物料	大殿前檐斗栱绘有蓝、绿、白、赭四色相间彩绘。昂蚂蚱头作蓝色，栱作绿色，斗作赭色、白色镶边。彩绘部分颜色脱掉。大殿内隔架科斗栱及内槽斗栱彩绘蓝色，保存很差，其中内槽斗栱颜色几乎脱尽	按现存色调修复彩绘，色料一律选用矿物料，以保持色彩持久性。若经济条件许可，考虑按前檐色调，配齐山面、后檐及上层檐斗栱彩绘。隔架科、内槽斗栱按原样修复
斗栱板彩绘	矿物料	以黑色为底、蓝为边、白绿作形，进行彩绘。内容主要是暗八仙、八宝及吉祥花草。保存不好	按原样清理和修补
额枋彩绘	矿物料	两边画箍头，枋心留盒子绘有太子修仙及二十四孝故事，人物造型生动、画法高超，极富道教特色	原则上不动，在维修时全部做出资料，视实际情况再作安排
柱头、霸王拳等彩绘		柱头采取枕头画法，作旋子彩绘，托头枋作十方锦彩绘，霸王拳作蓝、赭、绿、白相间彩绘	依样清理和修补
脊枋彩绘		脊枋正心部绘有红黑相旋之太极八卦图，左、右两侧绘朝板、玉册组成的彩带纹。颜色为红、黑、黄、蓝、绿等十分鲜明，东边题有：大明永乐拾贰年圣主御驾敕建。西边题有：光绪拾肆年蒲月吉月众首士既主持重修	枋心花纹大部分脱离，拟作一定修复，以保持原有风貌；题记不动
天花板彩绘		天花板分别绘有太极、八卦、蟠龙、仙鹤、八宝、暗八仙等图案，保存不好	拟按原样补空描绘残缺部分
神龛、匾额、对联、神像、彩绘		大殿内现设神龛七座，神龛上满是彩绘，内容主要为吉祥图案与道教故事。大殿现有匾额六块。对联八块。大殿现存泥胎彩绘神像十五尊，部分神像彩绘脱落	原则上不做维修

防虫防腐、防火

	防虫防腐	防火
实况	大殿木构受虫害蛀蚀的主要部位，一是下檐隔扇门窗、柱子、枋子和斗栱；二是上檐室外的木构件、博风、走马板和斗栱等。主要虫害为粉蠹，次为天牛、白蚁及黄蜂等。另外木腐菌亦是造成木材糟朽的主要原因。由于上层梁架全部封闭在一个狭小空间内，空气不通畅，在天气炎热和多雨的季节，里面潮湿闷热，容易滋生木腐菌，检查发现，凡漏雨浸湿的木构件，均有木腐菌危害	紫霄大殿几乎全部为木构堆成，而且木材经数百年，材质干燥，易于燃烧。另外，由于道徒们每天在此作法事及早晚课，殿内亦有红烛等火源，时刻威胁大殿安全
防治办法	A. 大殿上檐山面曾留有通风窗，现已封堵，拟维修后，加网罩开启，以利通风，预防木腐菌。后檐台基作防水防潮处理，以绝湿气侵蚀木构。B. 凡檩条，椽头、连檐等木构件用水溶性硼铬合剂作防腐处理。C. 沿天乙真庆泉附近，喷洒1%氯丹乳剂，以绝蚁巢。在施行此项工作时，应停止使用泉水，以免造成中毒。D. 凡发现粉蠹为害的木材，涂刷美国"9020"有机磷类复合乳。E. 所有新添木构通作防虫处理。F. 殿内柱角、斗栱层和天花板上放置装有"9020"药液吊瓶，利用害虫嗅觉，进行驱赶和杀灭	目前国内主要使用无机化合物防火剂处理易燃的木构。如磷酸氢二铵、硫酸氨、氯化锌等。此次维修拟采用公安部四川省灌县消防研究所与天津化工总厂共同研究的膨胀型丙烯酸乳胶防火漆。其原理是：以磷酸铵为脱水剂，二聚氢胺为发泡剂，以季戊四醇提供发泡层的炭架，用丙烯酸液粘合成膜，外加颜料及颜料分散剂、增稠剂、增塑剂、乳化剂所组成的防火漆。在100℃～200℃的温度下，分解出磷酸、使季戊四醇脱水，并胶凝固化，使木材脱水炭化，减少可燃气的形成；在250℃左右，三聚氯胺分解出大量氨、二氧化碳和水蒸汽，使软化的漆膜炭化层慢慢膨胀鼓泡形成蜂窝状的防火隔热层。能起到小火不燃，防止初期火灾的迅速扩展和离开火焰能自行熄灭的作用。拟在斗栱以下部位全部刷一道防火漆，以绝火患；为防止万一，拟添置两台高压喷水灭火机，分别安放大殿东西两边，派专人负责

附注：施工中若发现其他问题，要立即上报领导小组办公室，以便研究解决。严禁施工队自行其是。

三、修缮方案设计图纸

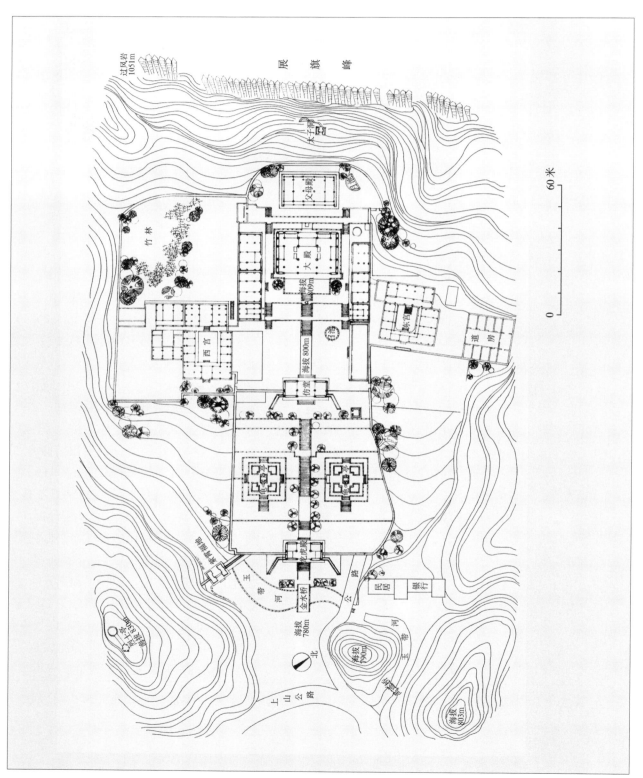

图一 紫霄宫平面图

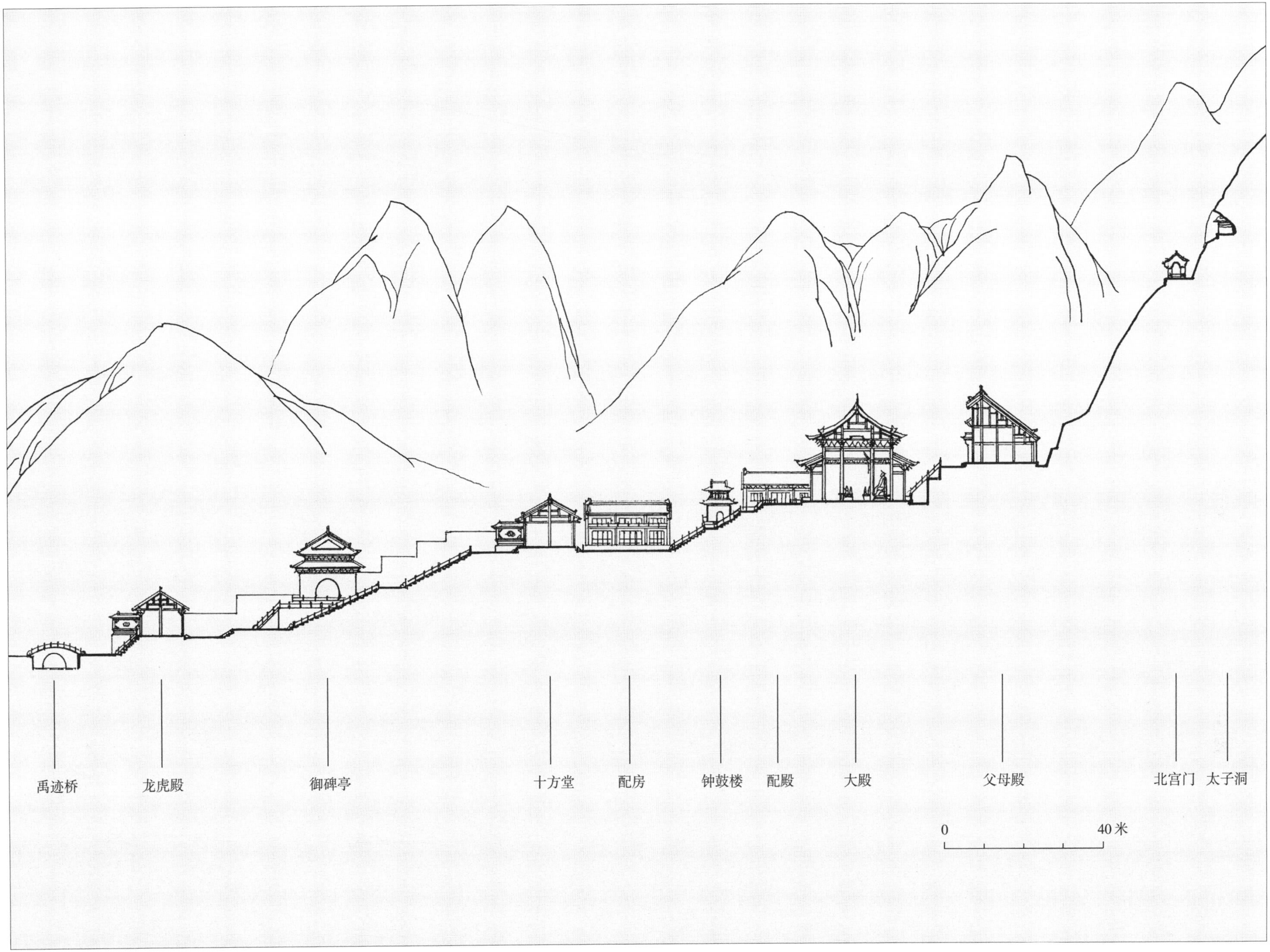

禹迹桥　　龙虎殿　　　御碑亭　　　十方堂　配房　钟鼓楼　配殿　大殿　父母殿　北宫门　太子洞

0　　　　　　　40米

图二　紫霄宫总剖面图

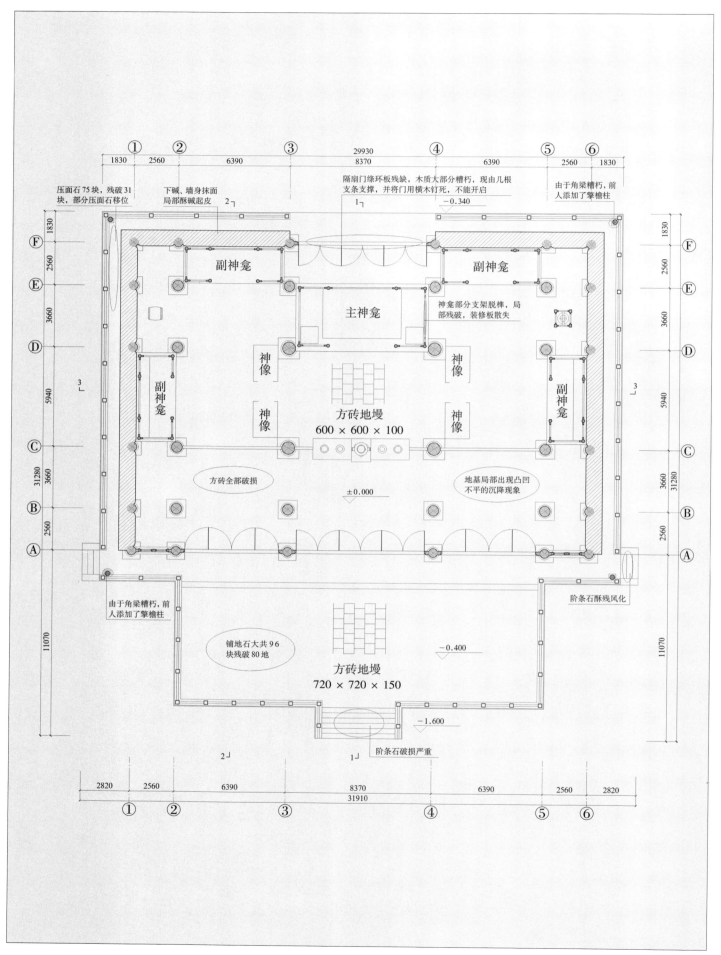

图三　紫霄大殿平面实测图（单位：厘米）

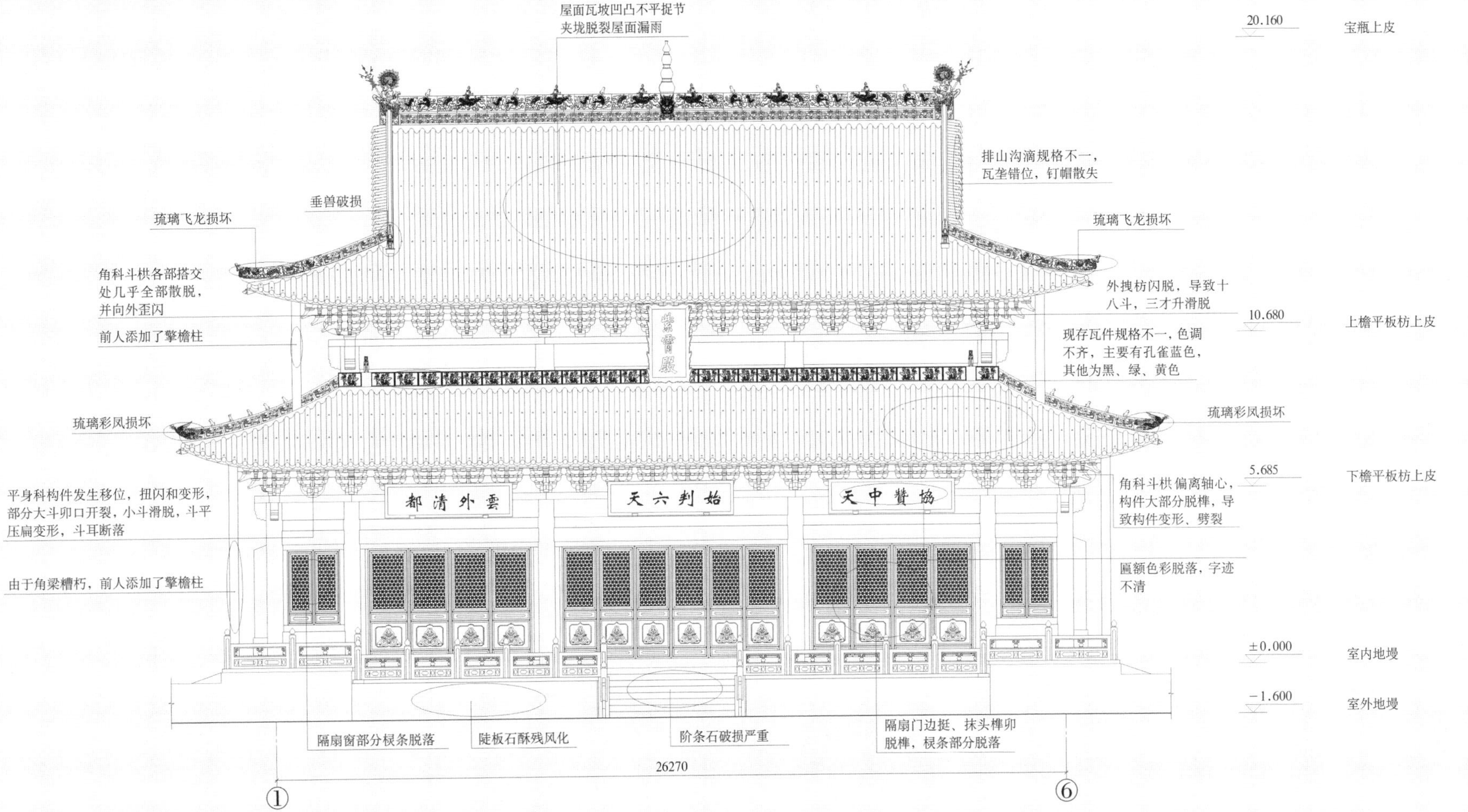
屋面瓦坡凹凸不平捉节
夹垅脱裂屋面漏雨
20.160
宝瓶上皮
排山沟滴规格不一，
瓦垄错位，钉帽散失
垂兽破损
琉璃飞龙损坏
琉璃飞龙损坏
角科斗栱各部搭交
处几乎全部散脱，
并向外歪闪
外拽枋闪脱，导致十
八斗，三才升滑脱
10.680
上檐平板枋上皮
前人添加了擎檐柱
现存瓦件规格不一，色调
不齐，主要有孔雀蓝色，
其他为黑、绿、黄色
琉璃彩凤损坏
琉璃彩凤损坏
平身科构件发生移位，扭闪和变形，
部分大斗卯口开裂，小斗滑脱，斗平
压扁变形，斗耳断落
5.685
下檐平板枋上皮
角科斗栱偏离轴心，
构件大部分脱榫，导
致构件变形、劈裂
都清外雲
天六判始
天中贊協
由于角梁糟朽，前人添加了擎檐柱
匾额色彩脱落，字迹
不清
±0.000
室内地墁
-1.600
室外地墁
隔扇窗部分棂条脱落
陡板石酥残风化
阶条石破损严重
隔扇门边挺、抹头榫卯
脱榫，棂条部分脱落
26270
①
⑥

图四　紫霄大殿①－⑥轴立面实测图（单位：厘米）

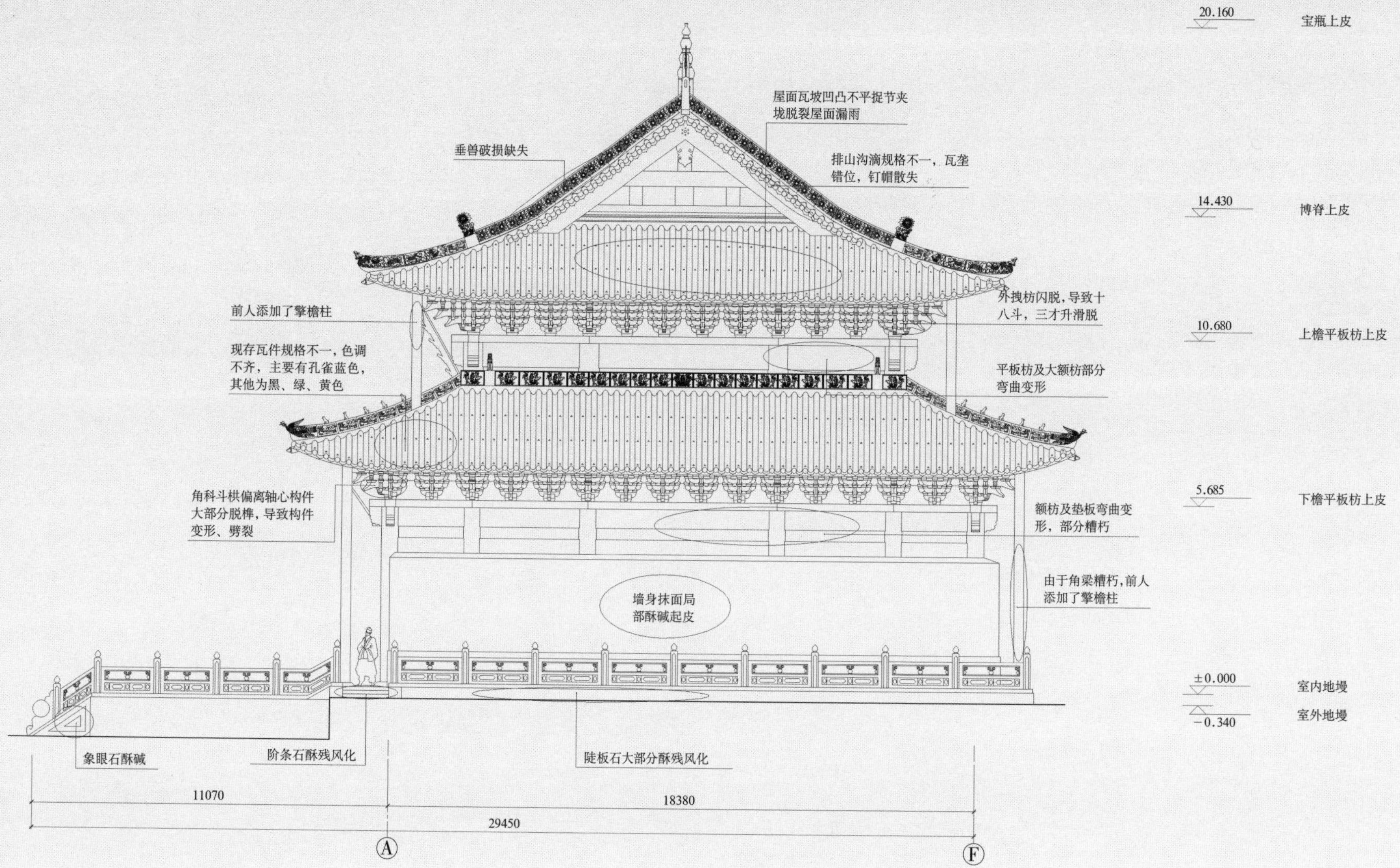

图五　紫霄大殿Ⓐ-Ⓕ轴立面实测图（单位：厘米）

20.160　宝瓶上皮

14.430　博脊上皮

10.680　上檐平板枋上皮

5.685　下檐平板枋上皮

±0.000　室内地墁
-0.340　室外地墁

由于角梁槽朽，前人添加了擎檐柱

额枋及大额枋部分弯曲变形，部分槽朽

平板枋及大额枋部分弯曲变形

袋垫枋闪脱，导致十八斗、三才升滑脱

屋面瓦坡凹凸不平垄节夹垄脱裂屋面漏雨

排山沟滴规格不一，瓦垄错位，钉帽散失

前人添加了擎檐柱

垂兽破损缺失

现存瓦件规格不一，色调不齐，主要有孔雀蓝色，其他为黑、绿、黄色

角科斗栱偏离轴心构件大部分脱脆，导致构件变形、劈裂

墙身抹面局部酥碱起皮

陡板石大部分酥碱风化

防条石酥碱风化

象眼石酥碱

11070

18380

29450

Ⓐ

Ⓕ

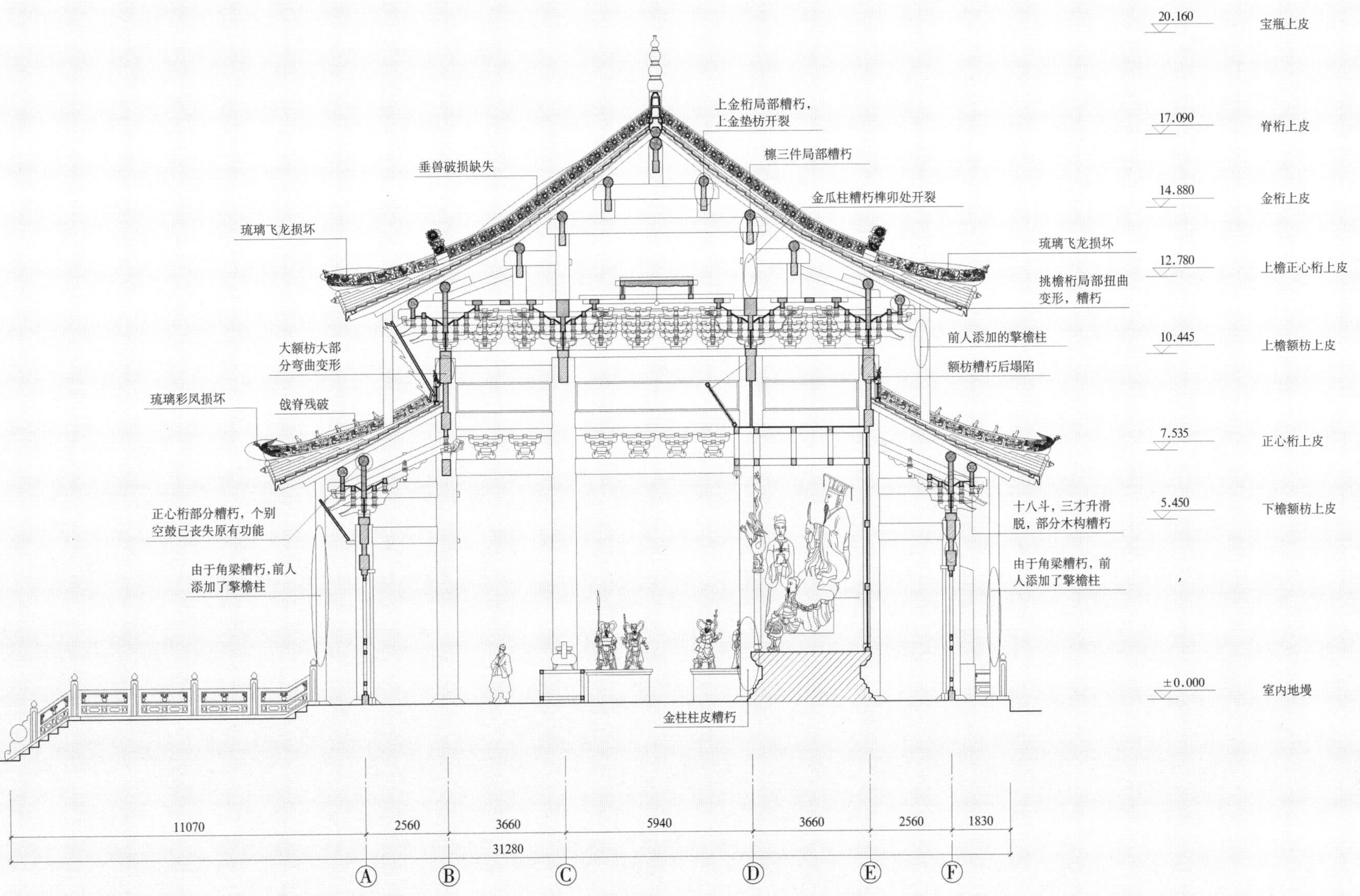

图六　紫霄大殿 1-1 剖面实测图（单位：厘米）

宝瓶上皮　　20.160

脊桁上皮　　17.090

金桁上皮　　14.880

上檐正心桁上皮　　12.780

上檐额枋上皮　　10.445

正心桁上皮　　7.535

下檐额枋上皮　　5.450

室内地燧　　±0.000

琉璃飞龙损坏

挑檐桁局部扭曲变形、糟朽

前人添加的擎檐柱

额枋槽朽后塌陷

十八斗、三才升滑脱，部分木构糟朽

由于角梁糟朽，前人添加丁擎檐柱

上金桁局部糟朽、上金垫枋开裂

檩三件局部糟朽

金瓜柱糟朽

金瓜柱柱糟朽榫卯处开裂

金柱皮糟朽

垂兽破损缺失

琉璃飞龙损坏

大额枋大部分弯曲变形

戗脊残破

琉璃彩凤损坏

正心桁部分糟朽，个别至故已失去原有功能

由于角梁糟朽，前人添加丁擎檐柱

1830　2560　3660　5940　3660　2560　1830

31280

11070

Ⓐ　Ⓑ　Ⓒ　Ⓓ　Ⓔ　Ⓕ

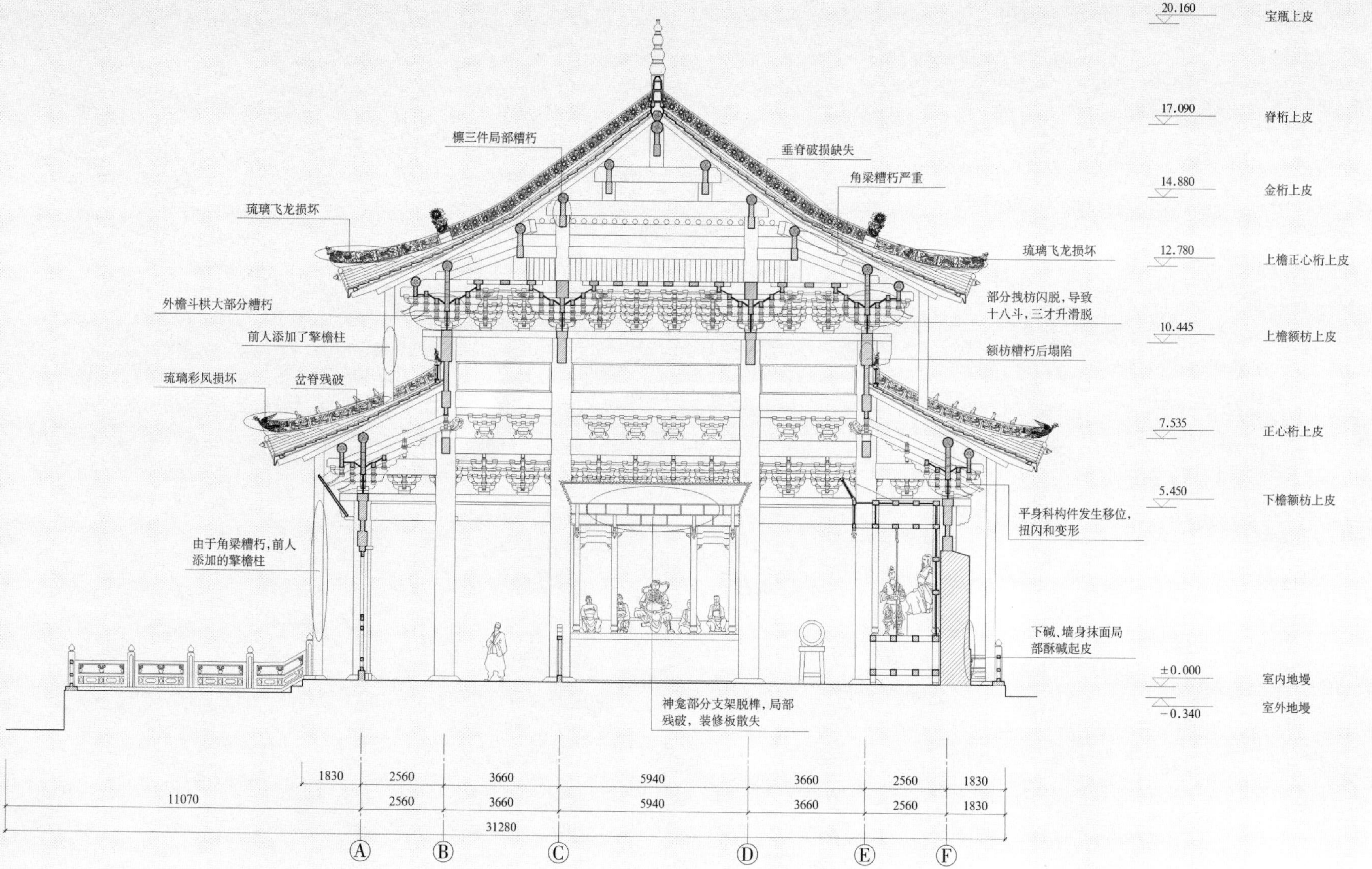
20.160
宝瓶上皮
17.090
脊桁上皮
14.880
金桁上皮
12.780
上檐正心桁上皮
10.445
上檐额枋上皮
7.535
正心桁上皮
5.450
下檐额枋上皮
±0.000
室内地墁
-0.340
室外地墁
檩三件局部糟朽
垂脊破损缺失
角梁糟朽严重
琉璃飞龙损坏
琉璃飞龙损坏
外檐斗栱大部分糟朽
部分拽枋闪脱，导致
十八斗，三才升滑脱
前人添加了擎檐柱
额枋糟朽后塌陷
琉璃彩凤损坏
岔脊残破
平身科构件发生移位，
扭闪和变形
由于角梁糟朽，前人
添加的擎檐柱
下碱、墙身抹面局
部酥碱起皮
神龛部分支架脱榫，局部
残破，装修板散失
1830
2560
3660
5940
3660
2560
1830
11070
2560
3660
5940
3660
2560
1830
31280
A
B
C
D
E
F
图七　紫霄大殿2-2剖面实测图（单位：厘米）

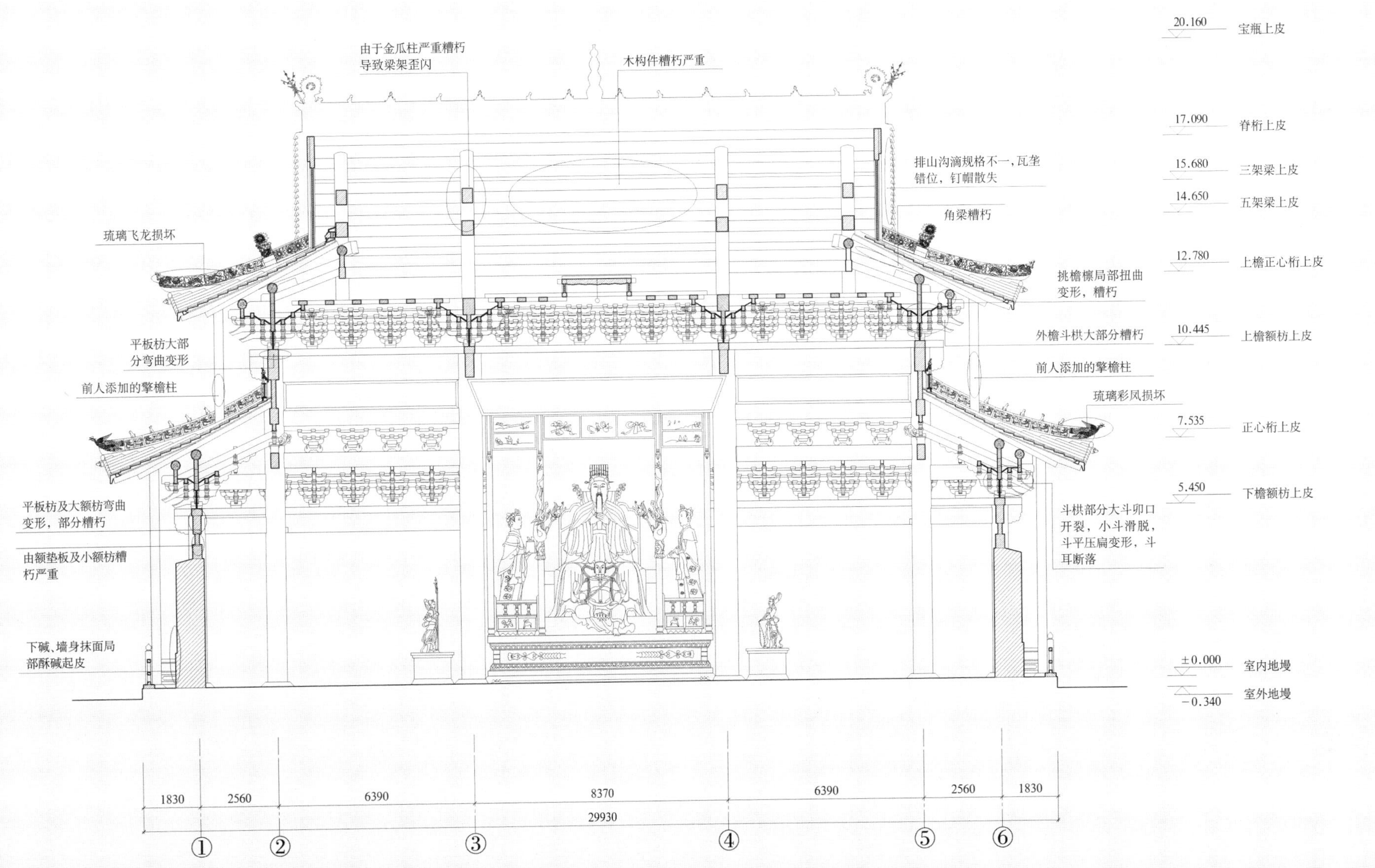

图八 紫霄大殿 3-3 剖面实测图（单位：厘米）

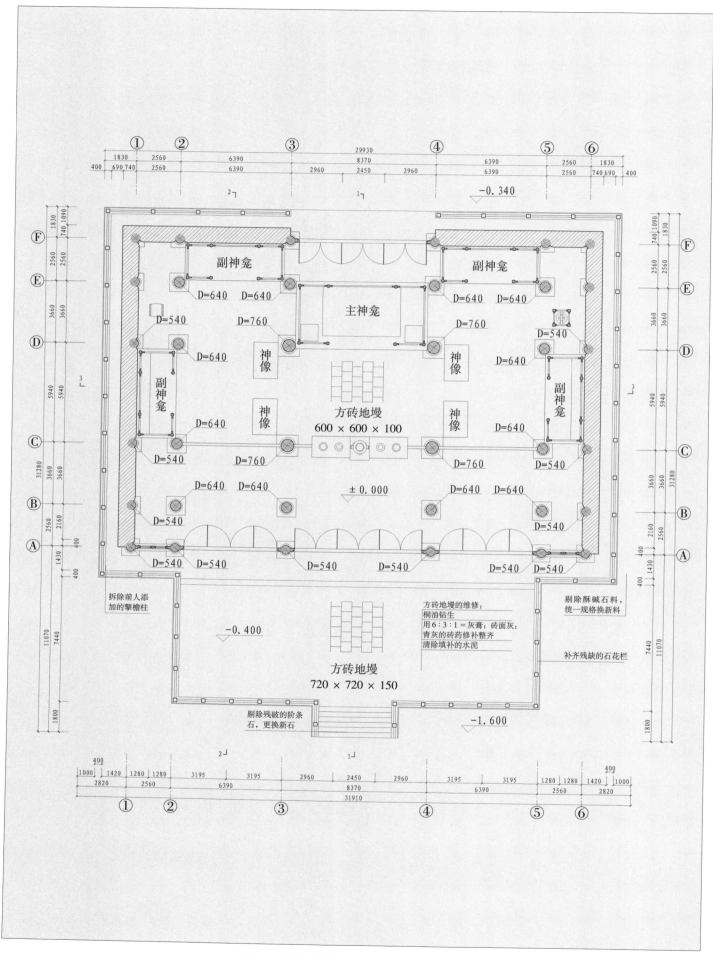

图九　紫霄大殿平面设计图（单位：厘米）

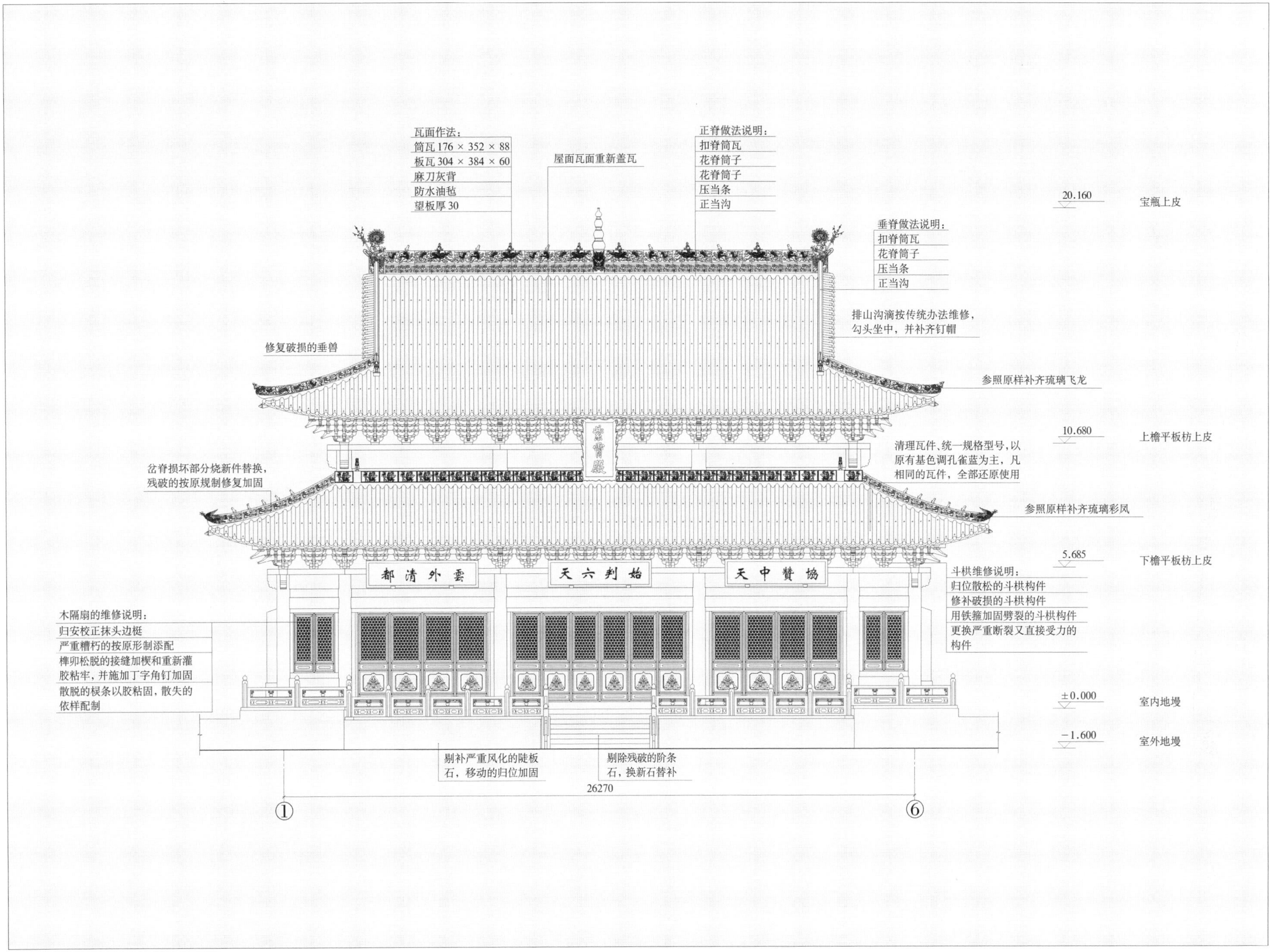

瓦面作法：
筒瓦 176 × 352 × 88
板瓦 304 × 384 × 60
麻刀灰背
防水油毡
望板厚 30
屋面瓦面重新盖瓦
正脊做法说明：
扣脊筒瓦
花脊筒子
花脊筒子
压当条
正当沟
20.160
宝瓶上皮
垂脊做法说明：
扣脊筒瓦
花脊筒子
压当条
正当沟
排山沟滴按传统办法维修，
勾头坐中，并补齐钉帽
修复破损的垂兽
参照原样补齐琉璃飞龙
10.680
上檐平板枋上皮
清理瓦件，统一规格型号，以
原有基色调孔雀蓝为主，凡
相同的瓦件，全部还原使用
岔脊损坏部分烧新件替换，
残破的按原规制修复加固
参照原样补齐琉璃彩凤
5.685
下檐平板枋上皮
都清外雲
天六判始
天中贊協
斗栱维修说明：
归位散松的斗栱构件
修补破损的斗栱构件
用铁箍加固劈裂的斗栱构件
更换严重断裂又直接受力的
构件
木隔扇的维修说明：
归安校正抹头边梃
严重糟朽的按原形制添配
榫卯松脱的接缝加楔和重新灌
胶粘牢，并施加丁字角钉加固
散脱的棂条以胶粘固，散失的
依样配制
±0.000
室内地墁
-1.600
室外地墁
剔补严重风化的陡板
石，移动的归位加固
剔除残破的阶条
石，换新石替补
26270
①
⑥

图一〇　紫霄大殿①-⑥轴立面设计图（单位：厘米）

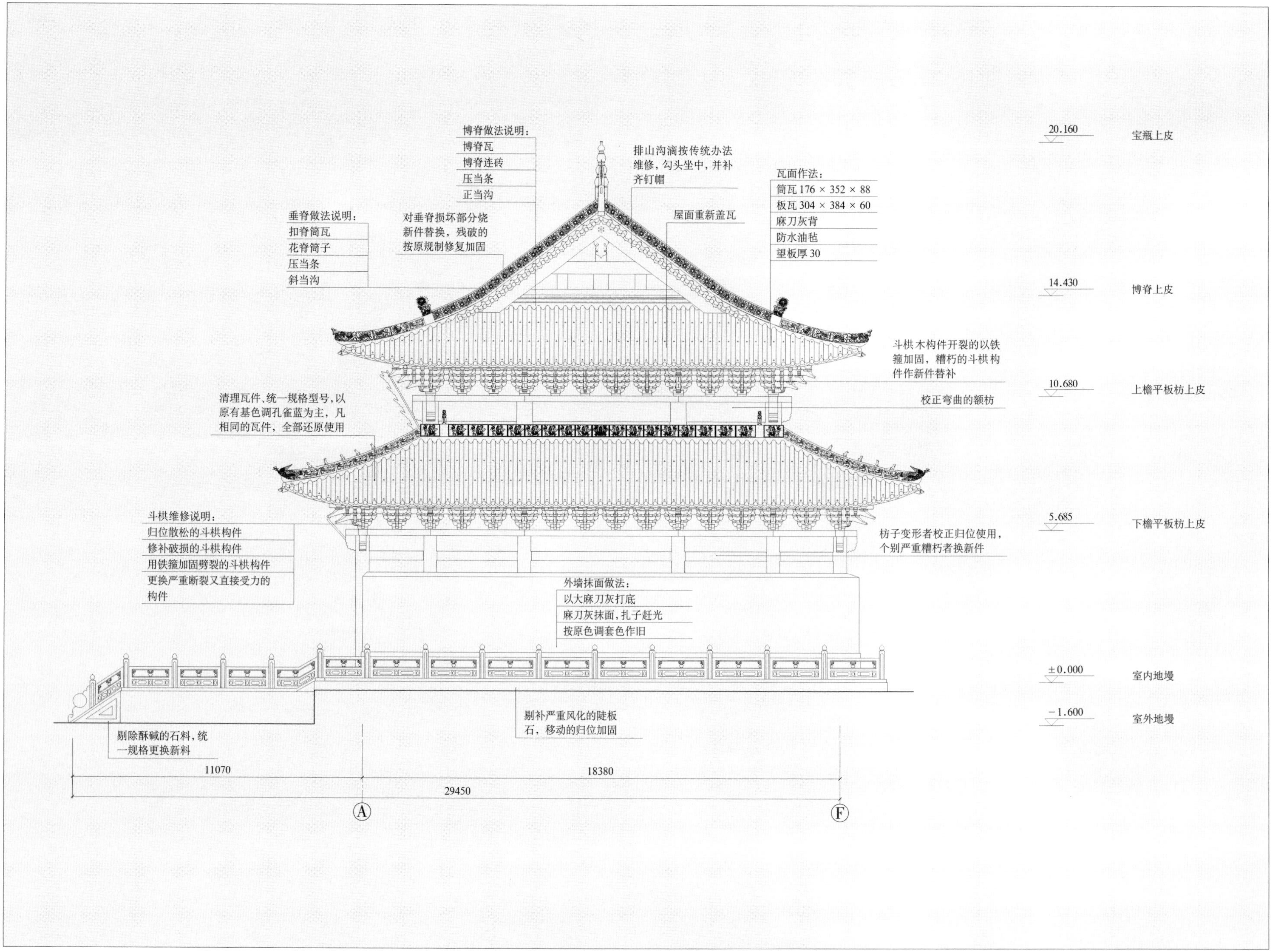

图一一　紫霄大殿Ⓐ-Ⓕ轴立面设计图（单位：厘米）

宝瓶上皮　20.160

博脊上皮　14.430

上檐平板枋上皮　10.680

下檐平板枋上皮　5.685

室内地墁　±0.000

室外地墁　−1.600

瓦面作法：
筒瓦176×352×88
板瓦304×384×60
麻刀灰背
防水油毡
望板厚30

斗栱木构件开裂的以铁箍加固，糟朽的斗栱构件作新件替补

校正弯曲的额枋

枋子变形者校正归对使用，个别严重糟朽者换新件

屋面重新盖瓦

排山沟滴按传统办法维修，勾头坐中，并扑齐钉帽

博脊做法说明：
博脊瓦
博脊连砖
压当条
正当沟

对重脊损坏部分统一新件替换，残破的按原规制修复加固

重脊做法说明：
扣脊筒瓦
花脊筒子
压当条
斜当沟

清理瓦件，统一规格型号，以原有基色调孔雀蓝为主，凡相同的瓦件，全部还原使用

斗栱维修说明：
归位散松的斗栱构件
修补破损的斗栱构件
用铁箍加固劈裂的斗栱构件
更换严重断裂又直接受力的构件

外墙抹面做法：
以大麻刀灰打底
麻刀灰抹面，扎子赶光
按原色调套色作旧

剔补严重风化的碳板石，移动的归对位加固

剔除酥碱的石料，统一规格更换新料

11070　18380　29450

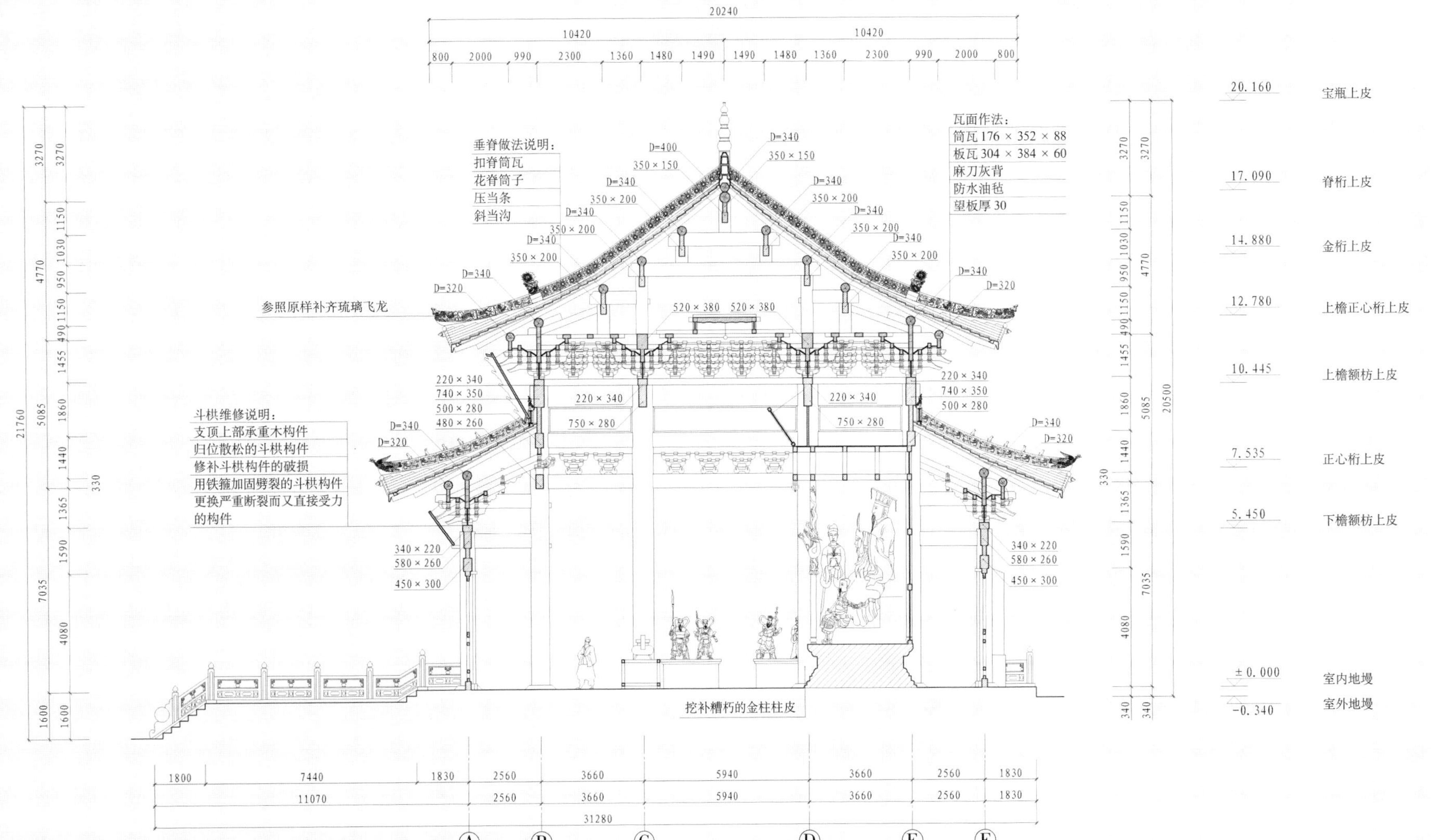
垂脊做法说明：
扣脊筒瓦
花脊筒子
压当条
斜当沟
瓦面作法：
筒瓦 176 × 352 × 88
板瓦 304 × 384 × 60
麻刀灰背
防水油毡
望板厚 30
参照原样补齐琉璃飞龙
斗栱维修说明：
支顶上部承重木构件
归位散松的斗栱构件
修补斗栱构件的破损
用铁箍加固劈裂的斗栱构件
更换严重断裂而又直接受力的构件
挖补糟朽的金柱柱皮
20.160 宝瓶上皮
17.090 脊桁上皮
14.880 金桁上皮
12.780 上檐正心桁上皮
10.445 上檐额枋上皮
7.535 正心桁上皮
5.450 下檐额枋上皮
±0.000 室内地墁
-0.340 室外地墁
20240
10420
10420
31280
21760
20500
A
B
C
D
E
F

图一二　紫霄大殿 1-1 剖面设计图（单位：厘米）

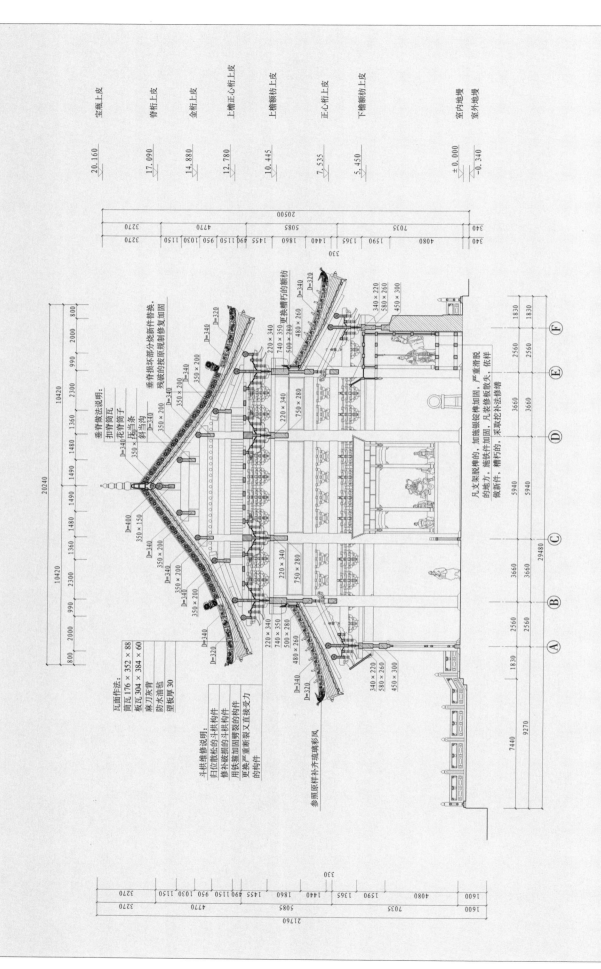

图一三 紫霄大殿 2—2 剖面设计图（单位：厘米）

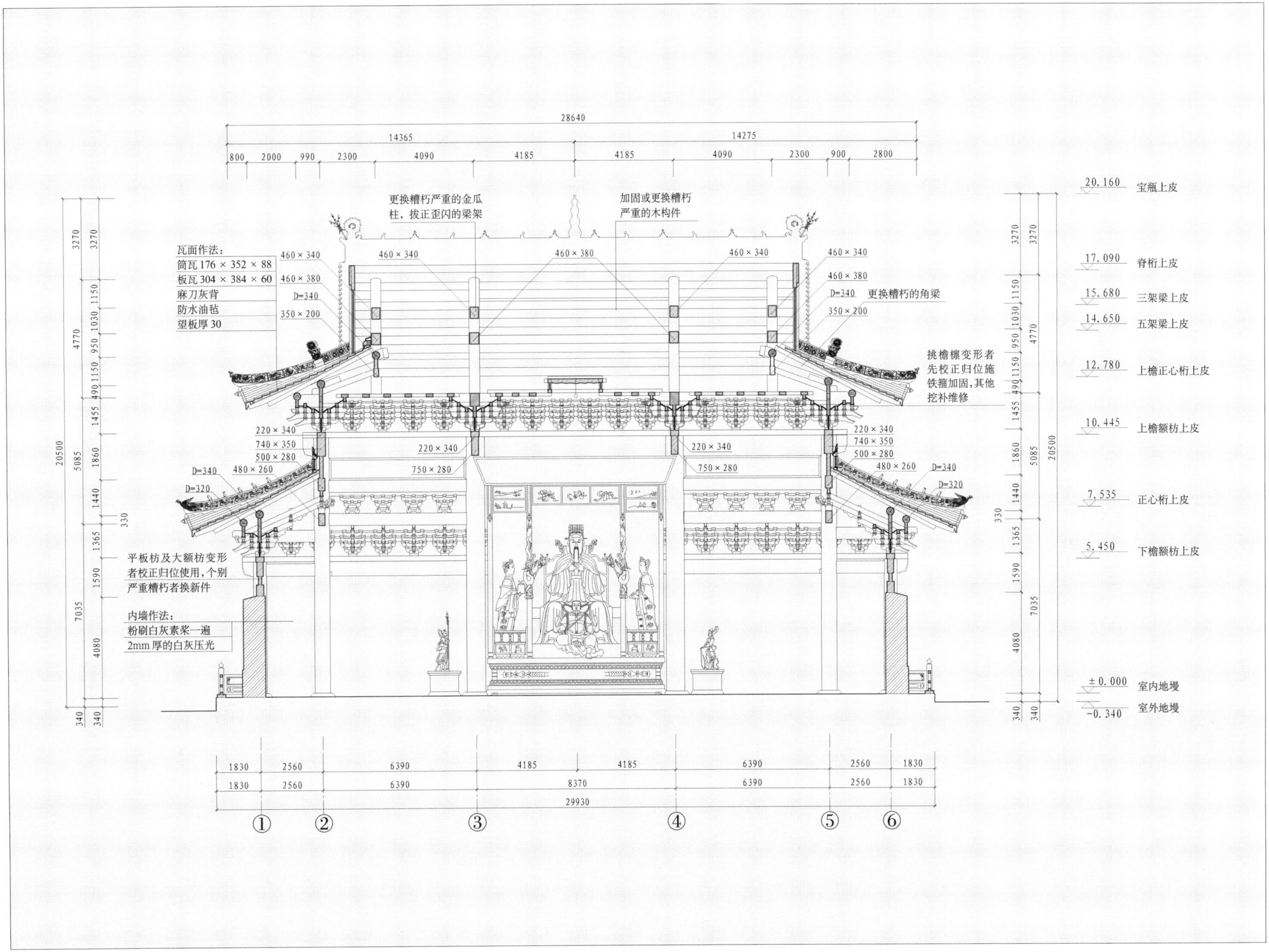

图一四　紫霄大殿 3-3 剖面设计图（单位：厘米）

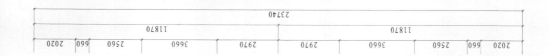

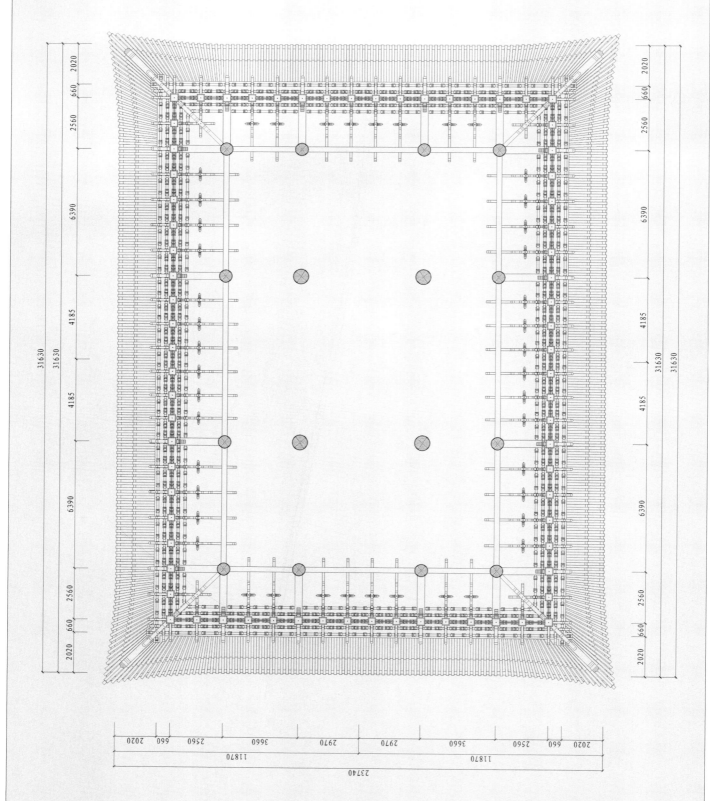

图一五　紫霄大殿下檐斗拱仰视设计图（单位：厘米）

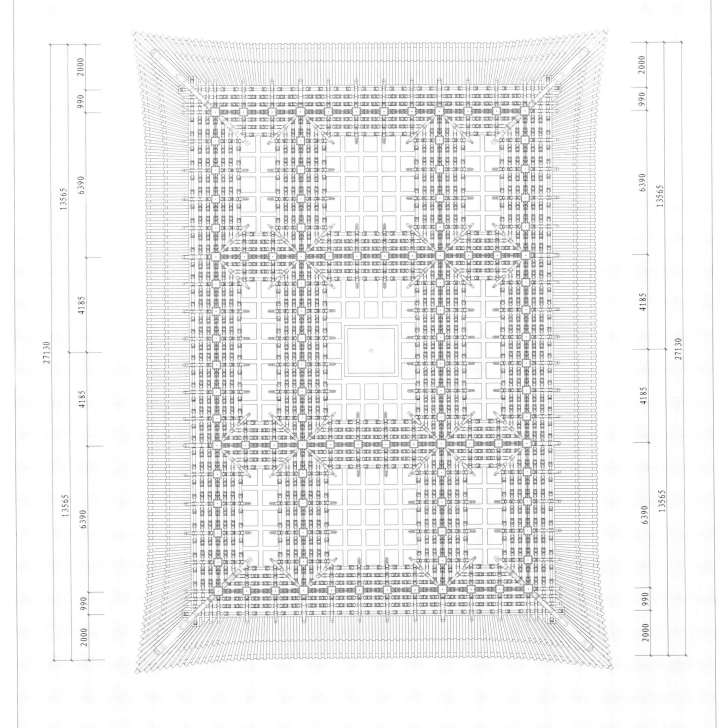

图一六 紫霄大殿上檐上檐斗栱仰视设计图（单位：厘米）

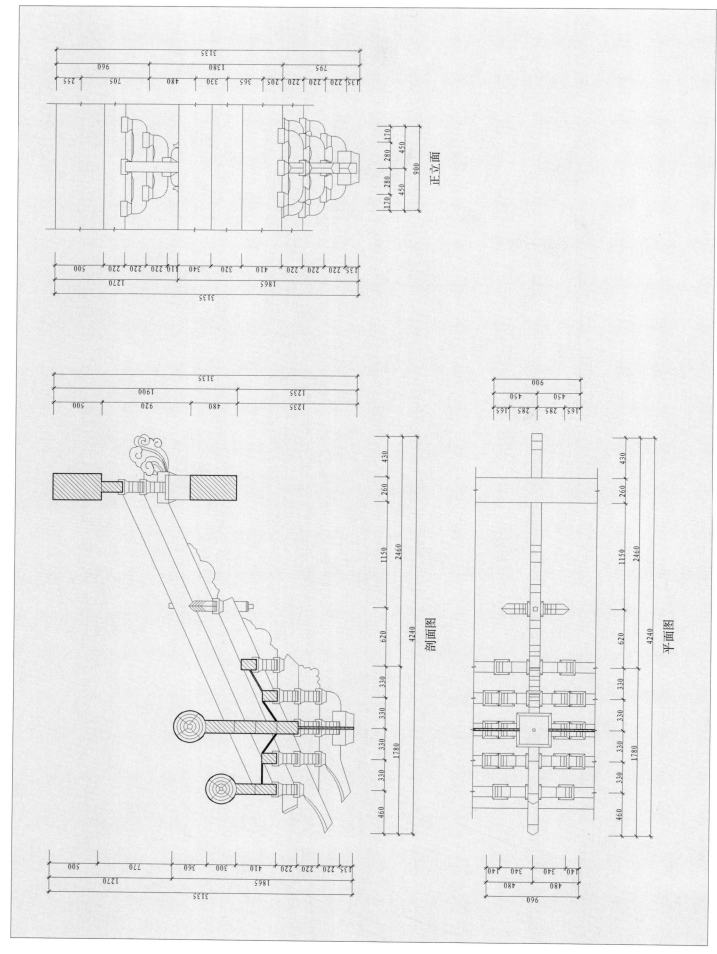

图一七　紫霄大殿下檐平身科斗身科斗栱大样设计图（单位：厘米）

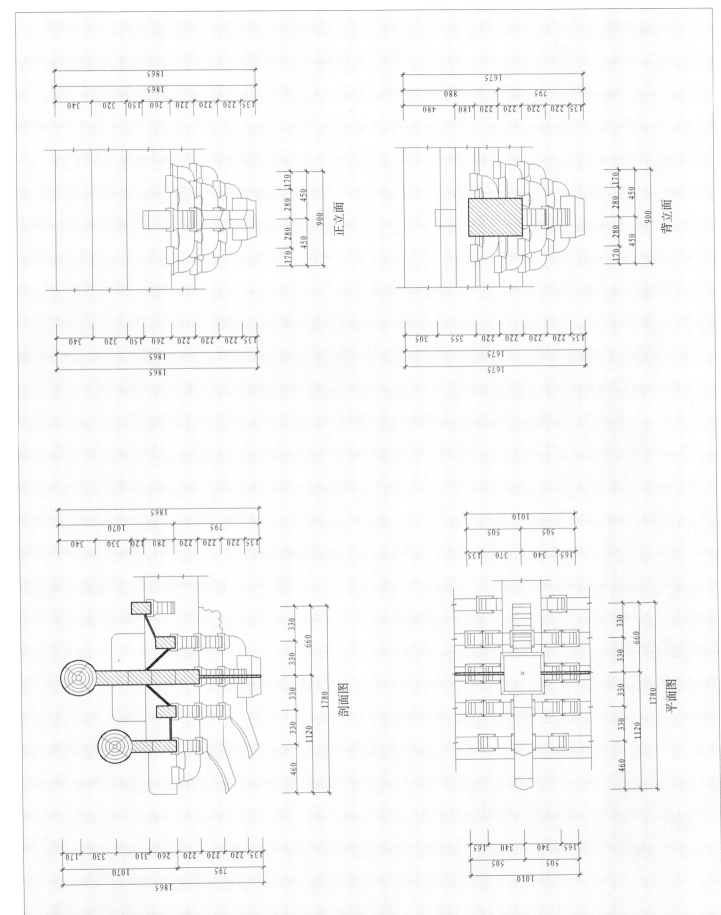

正立面

背立面

剖面图

平面图

图一八 紫霄大殿下檐柱头科斗拱大样设计图（单位：厘米）

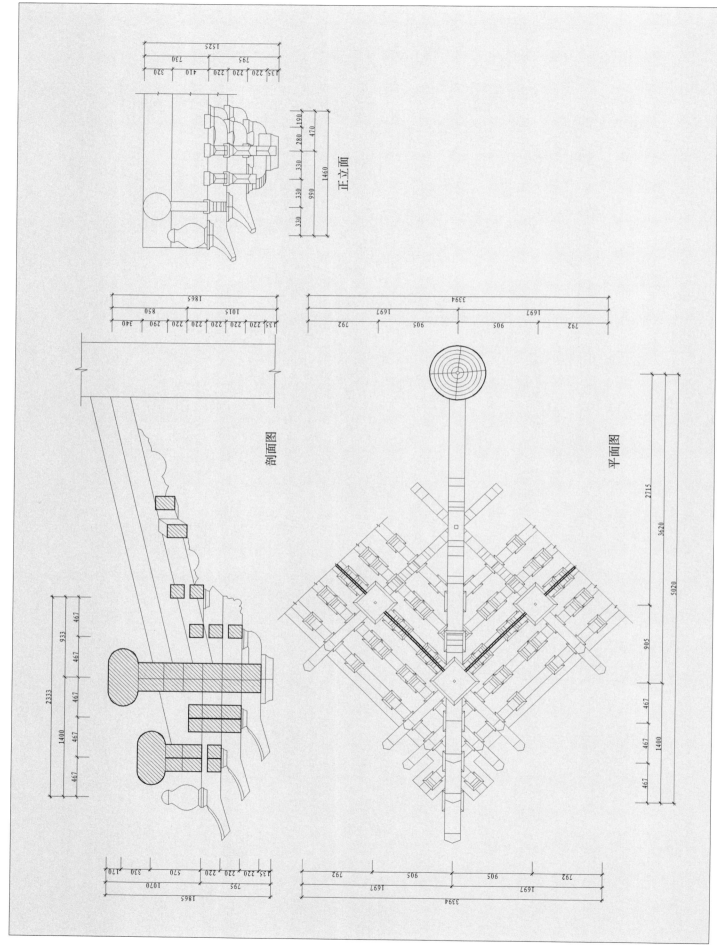

正立面

剖面图

平面图

图一九　紫霄大殿下檐角斜昂角斗栱大样设计图（单位：厘米）

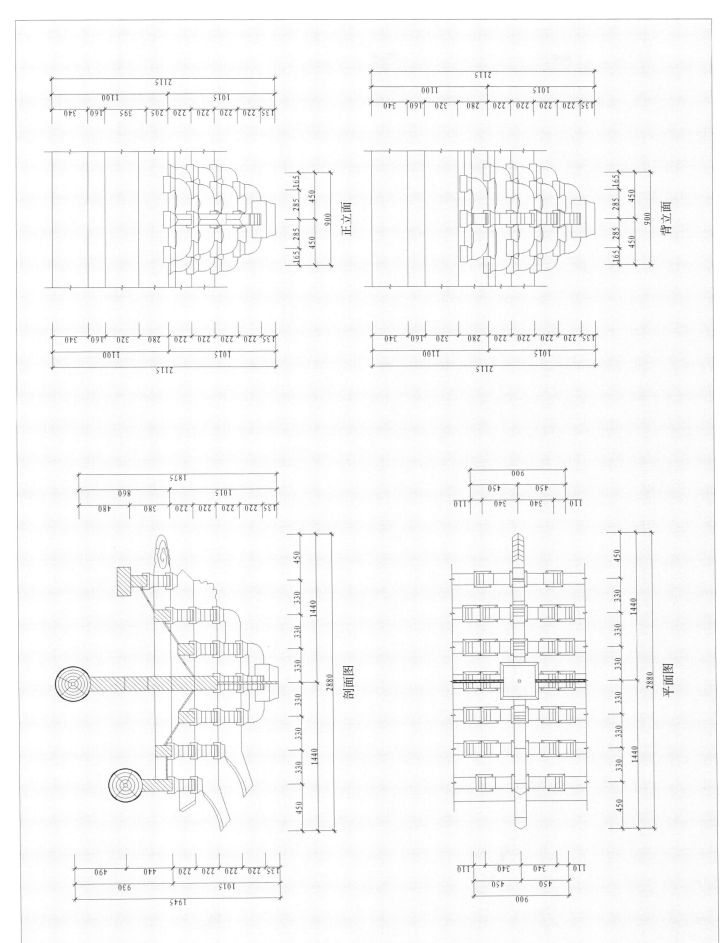

正立面

背立面

剖面图

平面图

图二〇 紫霄大殿上檐平身科斗栱大样设计图（单位：厘米）

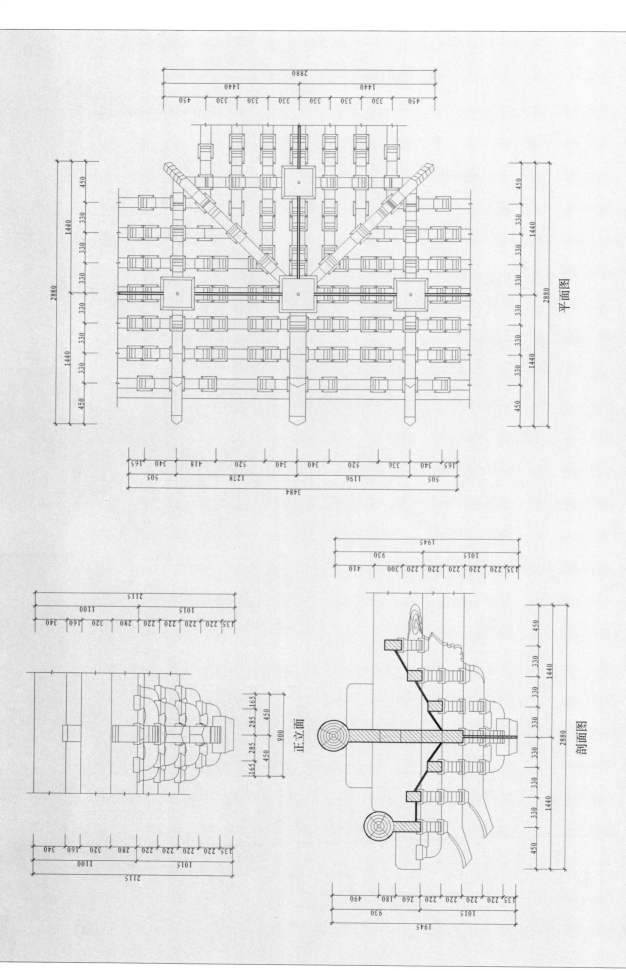

图二一 紫霄大殿上檐柱头科斗栱大样设计图（单位：厘米）

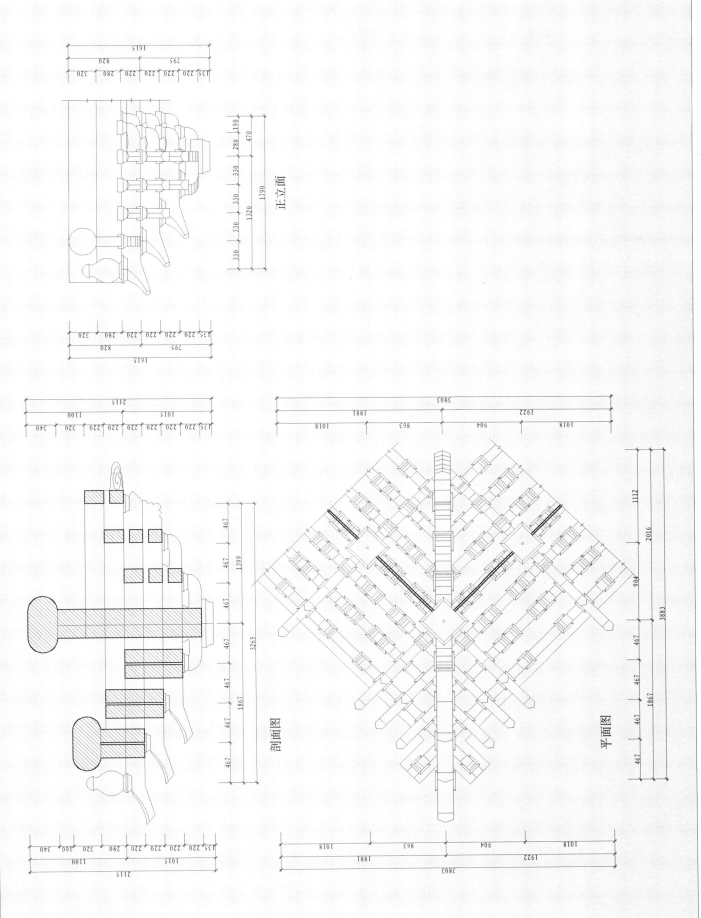

正立面

剖面图

平面图

图二二　紫霄大殿上檐角科斗拱大样设计图（单位：厘米）

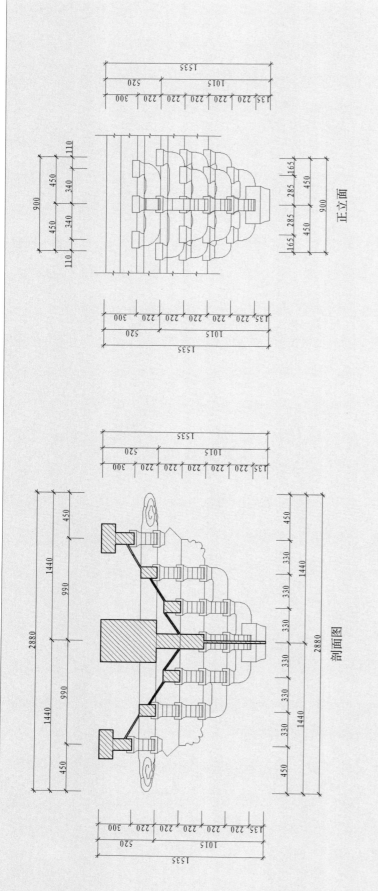

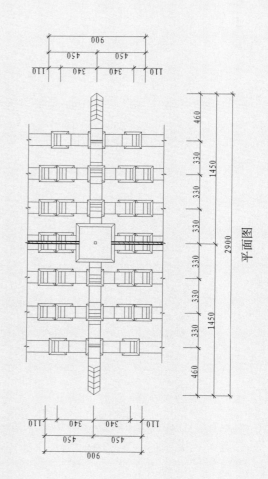

图二三　紫霄大殿内槽身科身斗拱平身科斗拱大样设计图（单位：厘米）

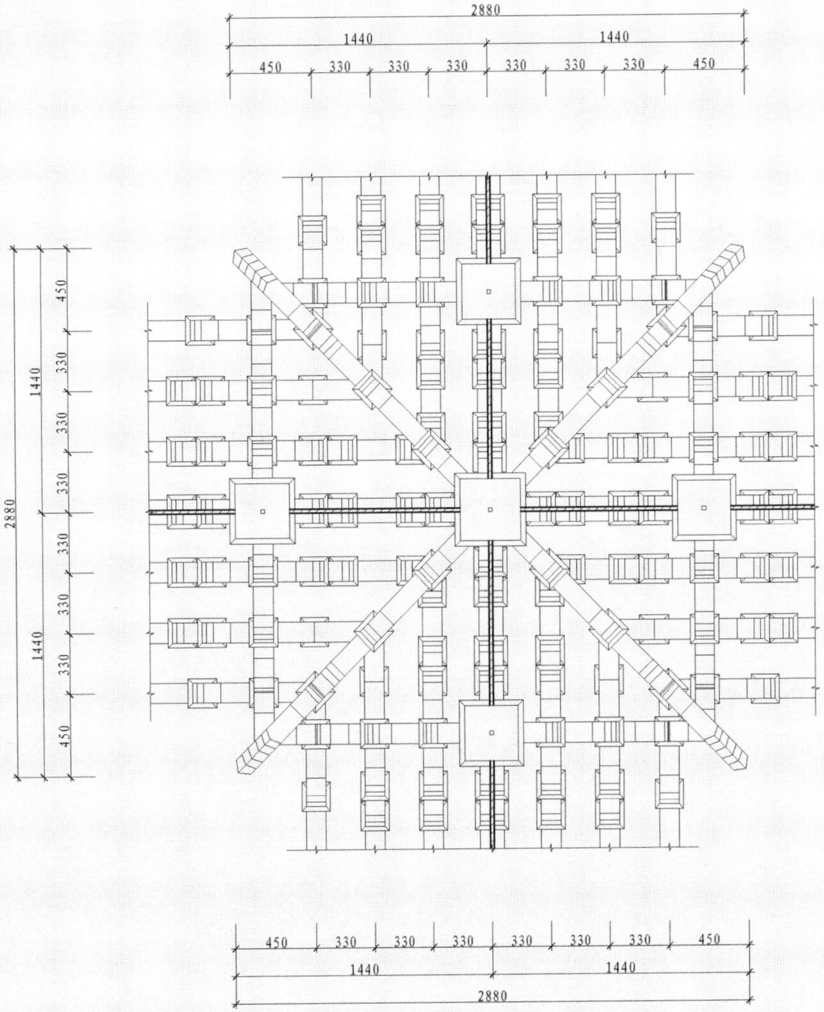

剖面图

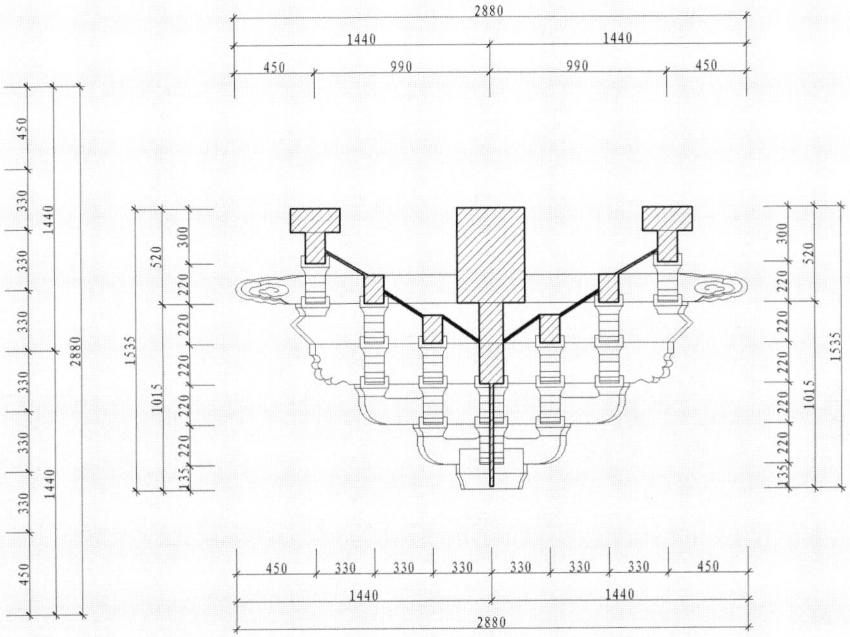

平面图

图二四　紫霄大殿内槽柱头科斗栱大样设计图（单位：厘米）

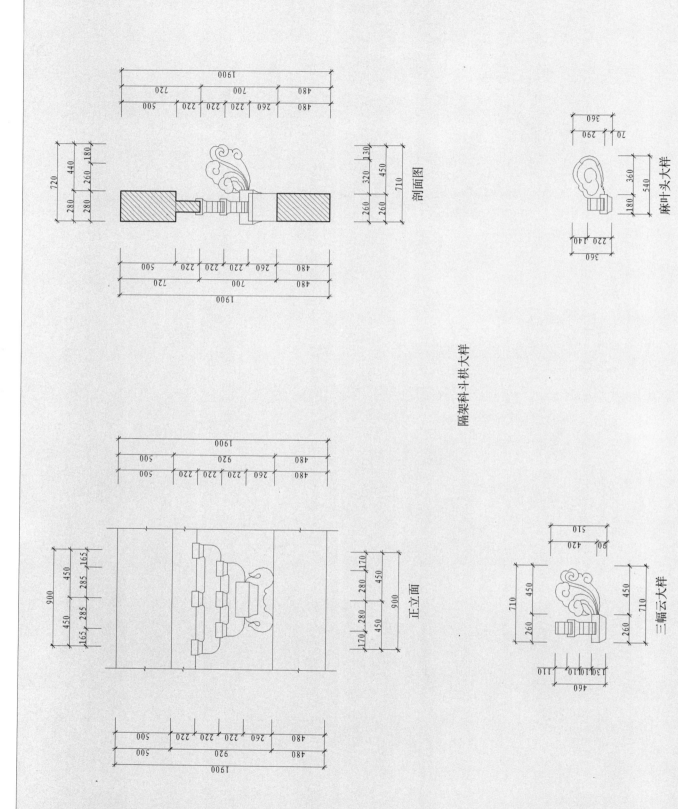

剖面图

隔架科斗栱大样

正立面

麻叶头大样

三幅云大样

图二五　紫霄大殿隔架科斗栱大样设计图（单位：厘米）

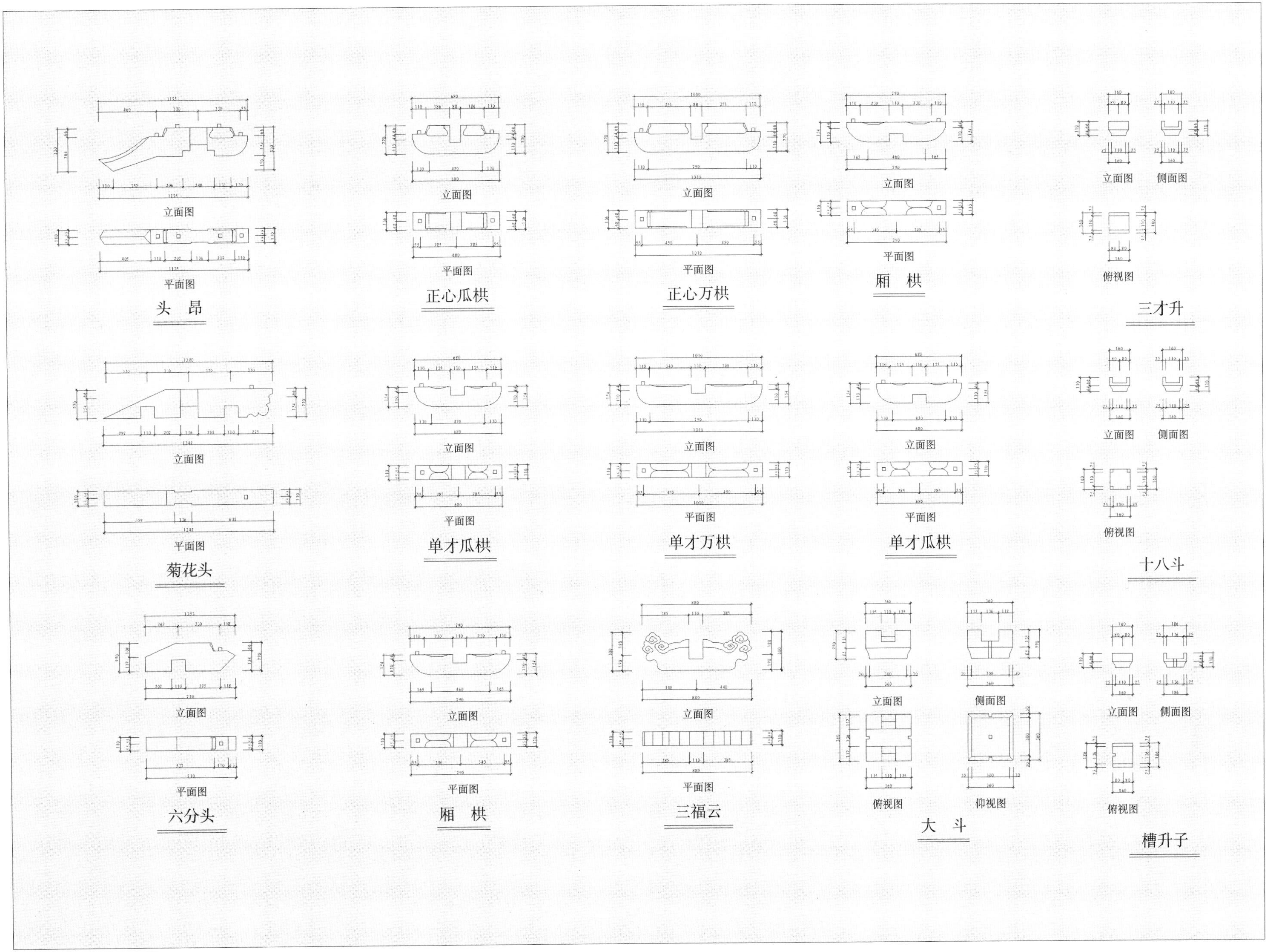

三才升　側面圖　立面圖　俯視圖

十八斗　側面圖　立面圖　俯視圖

槽升子　側面圖　立面圖　俯視圖

廂栱　立面圖　平面圖

單才瓜栱　立面圖　平面圖

大斗　側面圖　仰視圖　立面圖　俯視圖

正心萬栱　立面圖　平面圖

單才萬栱　立面圖　平面圖

三福雲　立面圖　平面圖

正心瓜栱　立面圖　平面圖

單才瓜栱　立面圖　平面圖

廂栱　立面圖　平面圖

頭昂　立面圖　平面圖

菊花頭　立面圖　平面圖

六分頭　立面圖　平面圖

图二六　紫霄大殿下檐平身科斗栱分件设计图（单位：厘米）

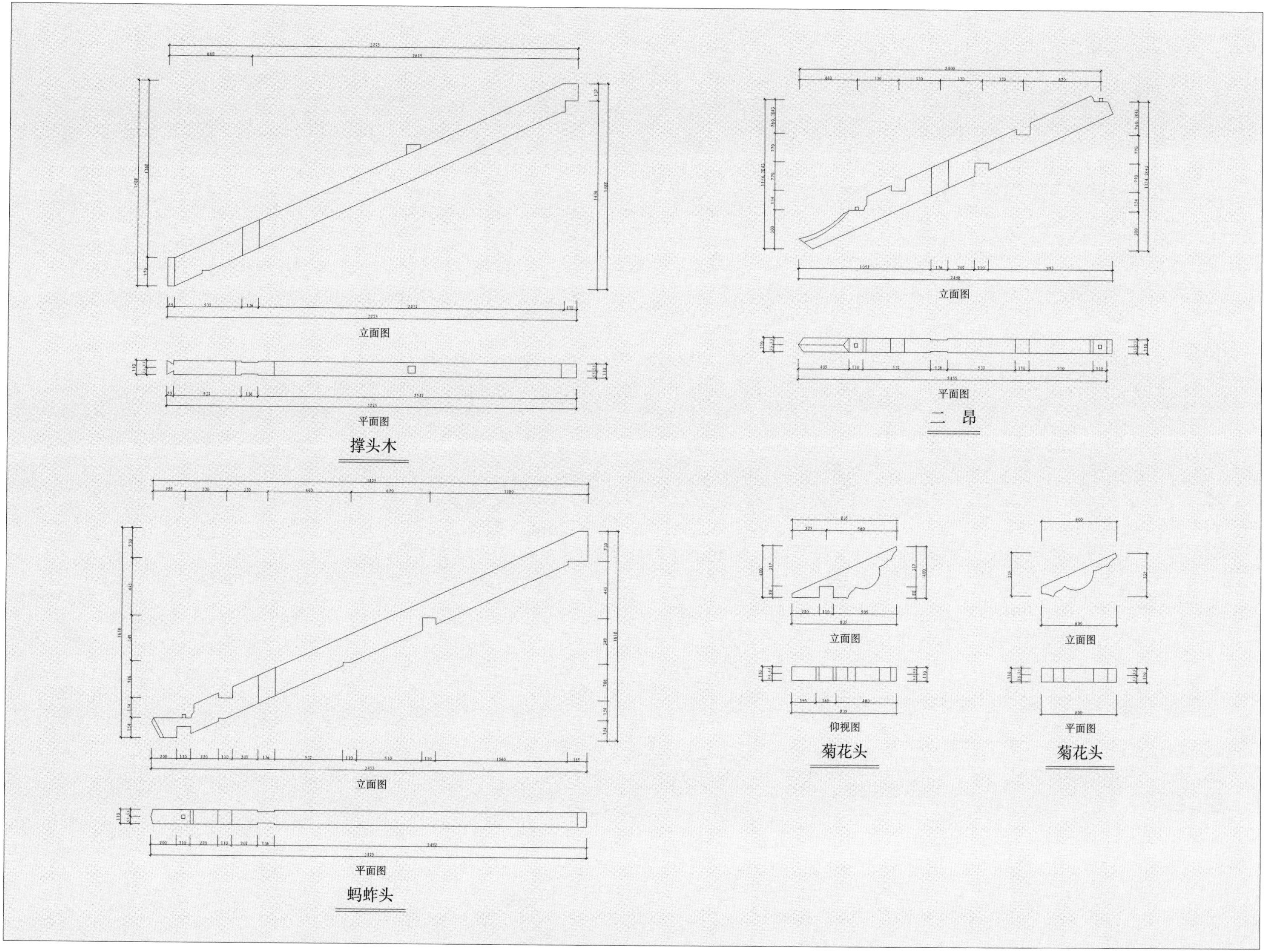

图二七　紫霄大殿下檐平身科斗栱分件设计图（单位：厘米）

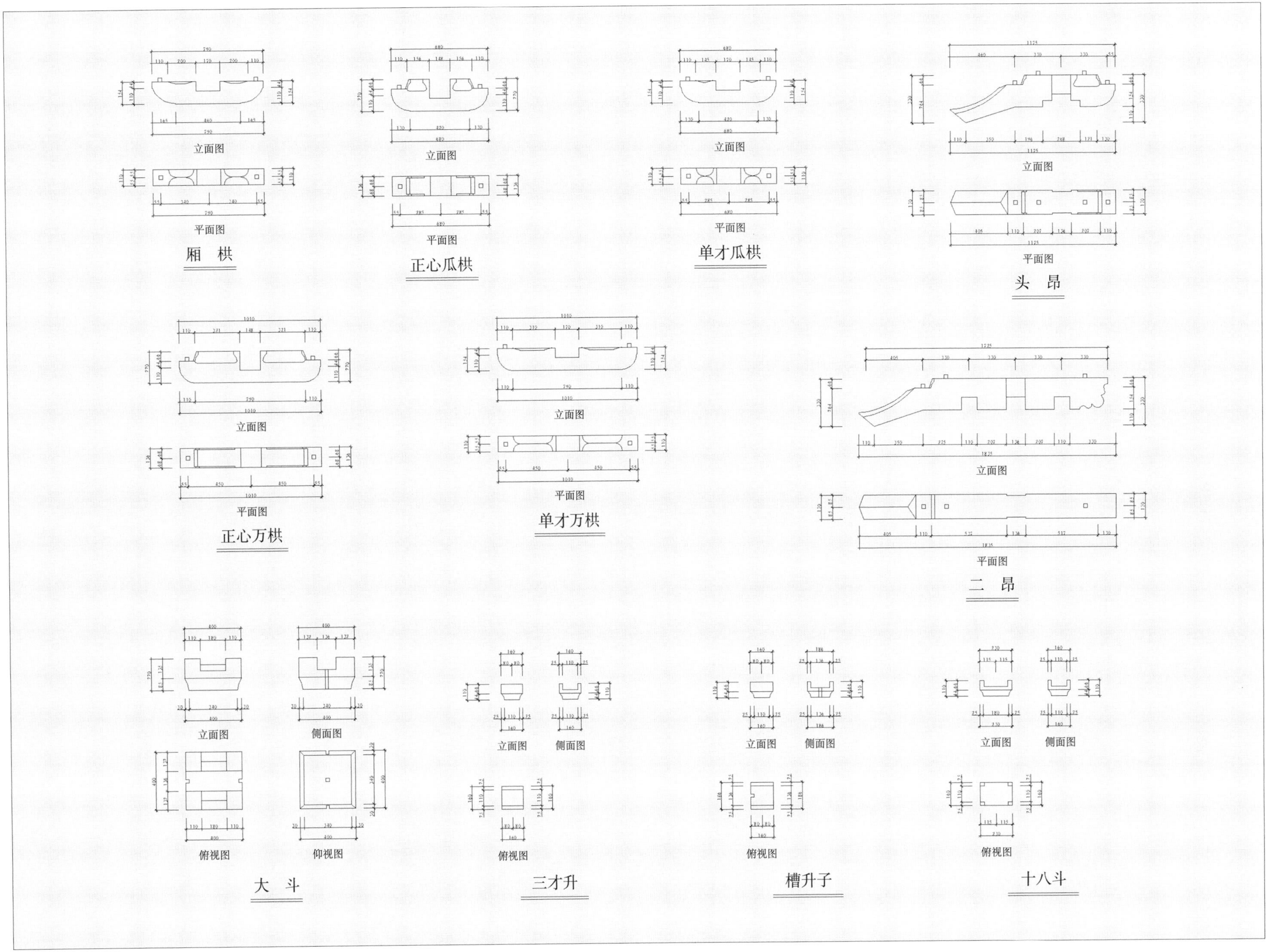

图二八　紫霄大殿下檐柱头科斗栱分件设计图（单位：厘米）

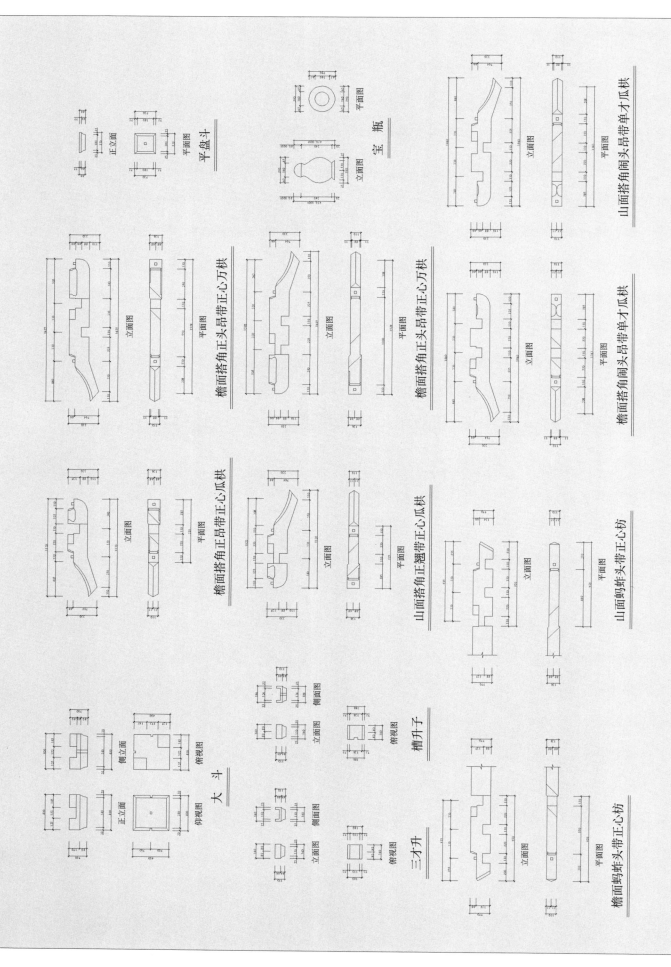

图二九　紫霄大殿下檐角科斗栱分件设计图（单位：厘米）

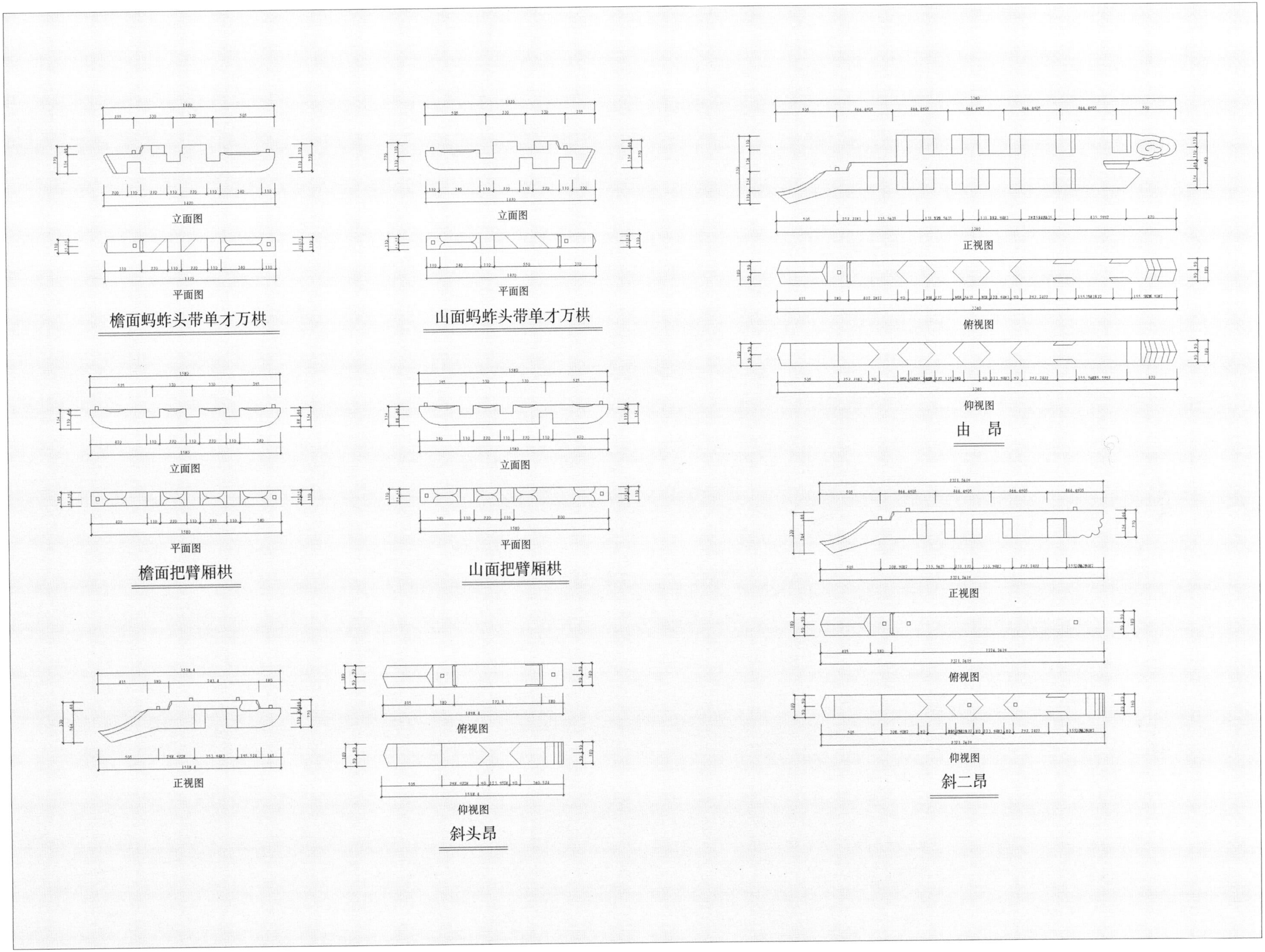
立面图
平面图
檐面蚂蚱头带单才万栱
立面图
平面图
山面蚂蚱头带单才万栱
正视图
俯视图
仰视图
由　昂
立面图
平面图
檐面把臂厢栱
立面图
平面图
山面把臂厢栱
正视图
俯视图
仰视图
斜二昂
正视图
俯视图
仰视图
斜头昂

图三〇　紫霄大殿下檐角科斗栱分件设计图（单位：厘米）

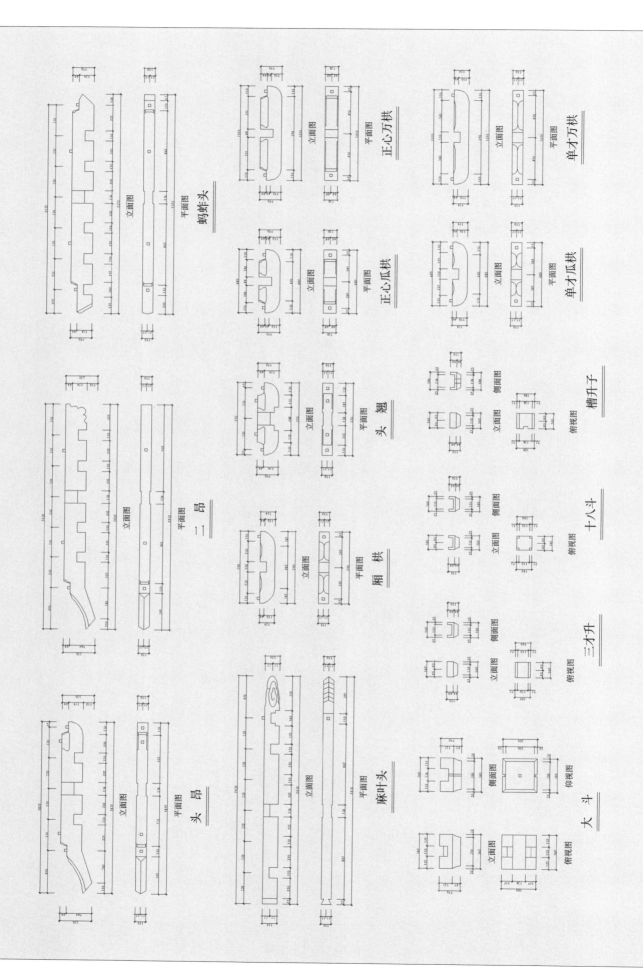

图三一 紫霄大殿上檐平身科斗栱分件设计图（单位：厘米）

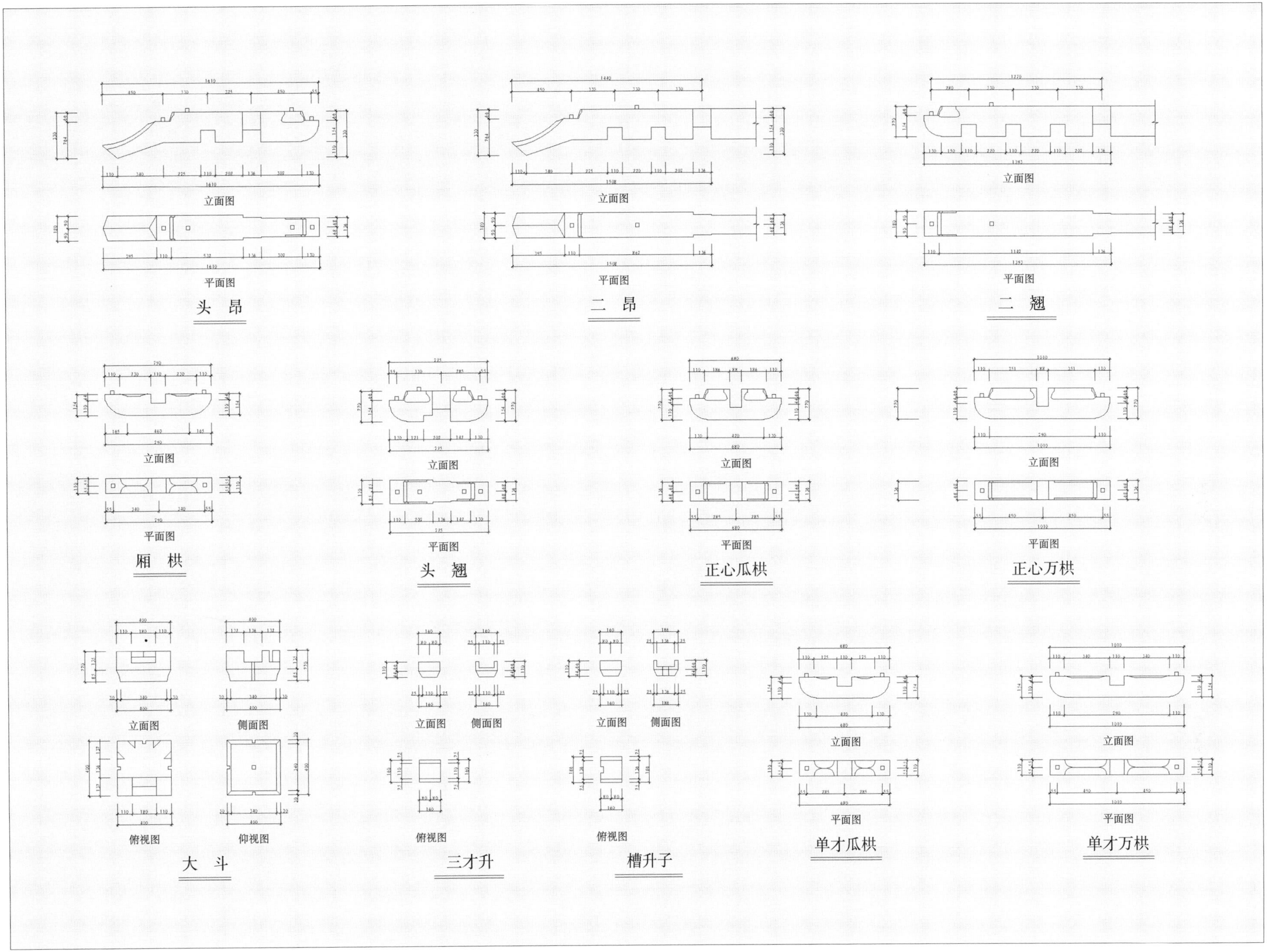

图三二　紫霄大殿上檐柱头科斗栱分件设计图（单位：厘米）

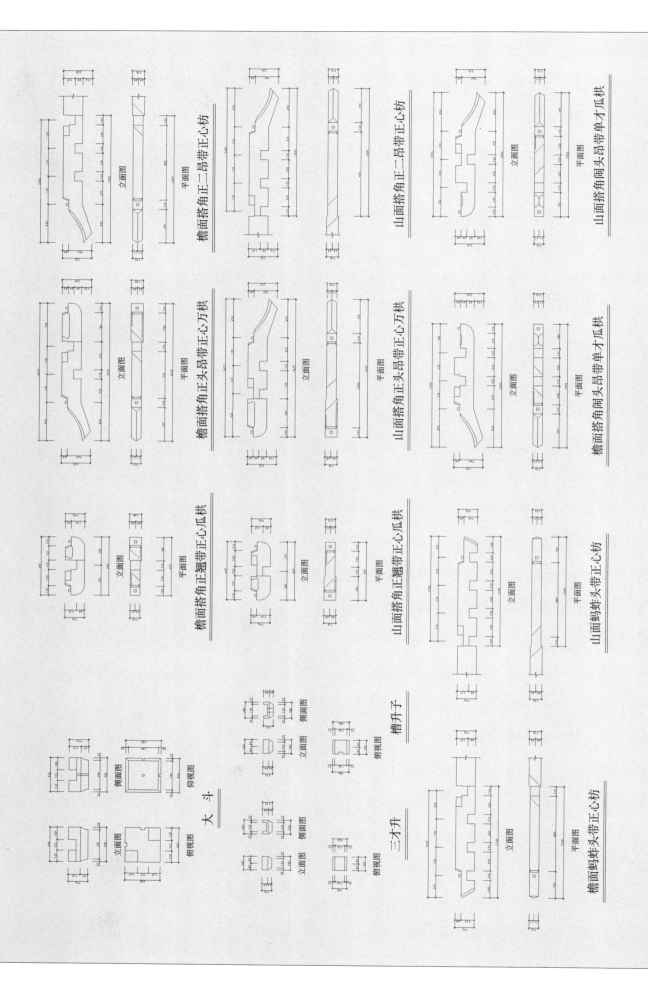

图三三 紫霄大殿上檐角科斗栱分件设计图（单位：厘米）

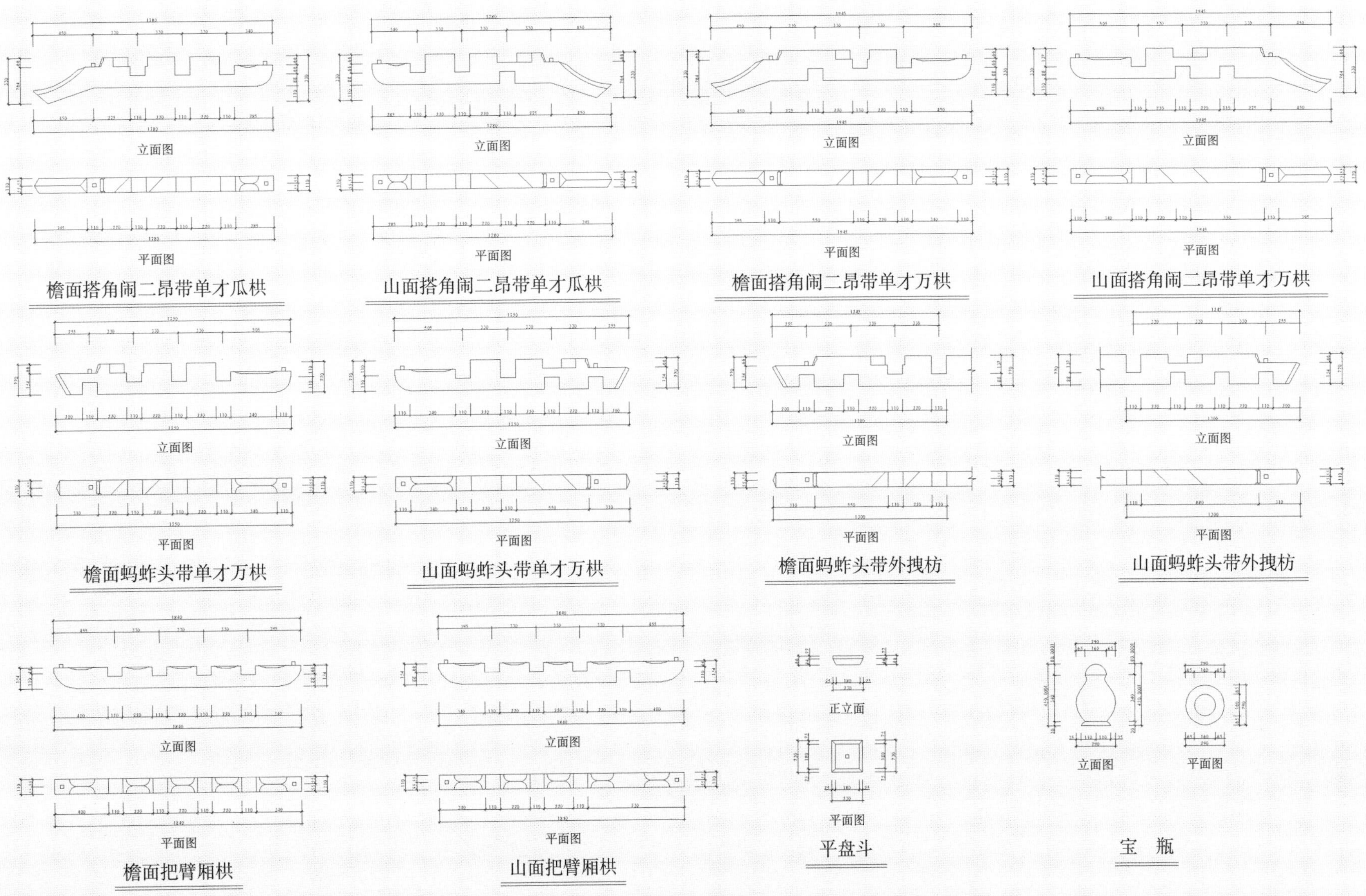

立面图

平面图

山面搭角闹二昂带单才万栱

立面图

平面图

山面蚂蚱头带外拽枋

平面图

立面图

宝瓶

立面图

平面图

檐面搭角闹二昂带单才万栱

立面图

平面图

檐面蚂蚱头带外拽枋

正立面

平面图

平盘斗

立面图

平面图

山面搭角闹二昂带单才瓜栱

立面图

平面图

山面蚂蚱头带单才万栱

立面图

平面图

山面把臂厢栱

立面图

平面图

檐面搭角闹二昂带单才瓜栱

立面图

平面图

檐面蚂蚱头带单才万栱

立面图

平面图

檐面把臂厢栱

图三四　紫霄大殿上檐角科斗栱分件设计图（单位：厘米）

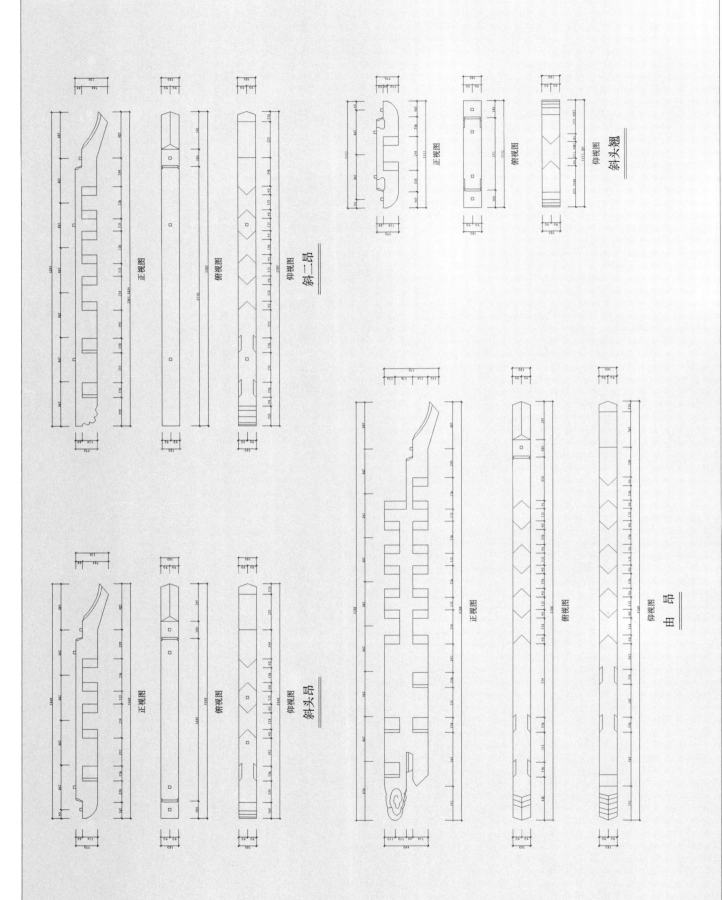

正视图 俯视图 仰视图
斜二昂

正视图 俯视图 仰视图
斜头昂

正视图 俯视图 仰视图
斜头翘

正视图 俯视图 仰视图
由 昂

图三五 斗栱之十部分各细部分件详图（米面。分单）

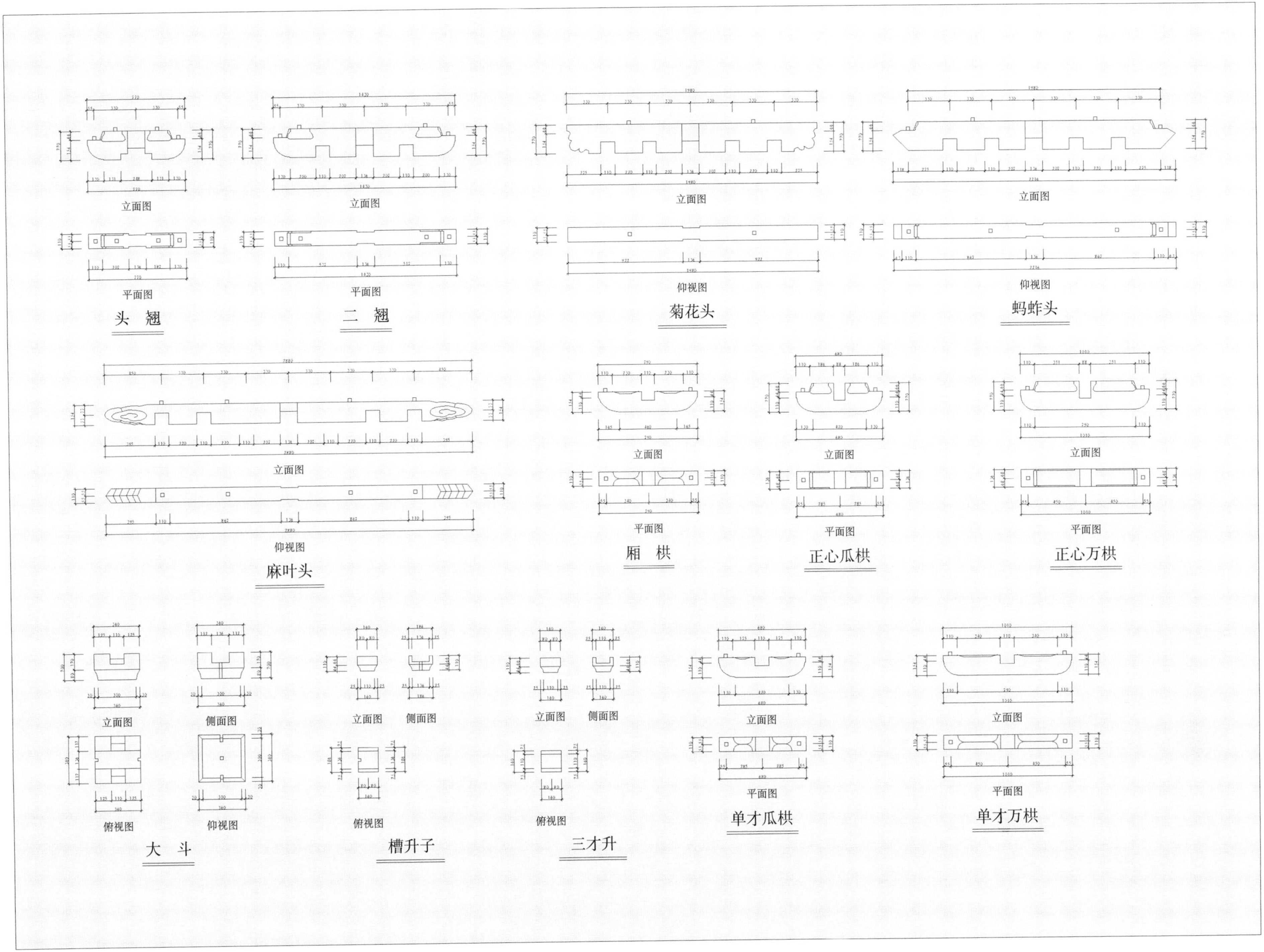

蚂蚱头

立面图
仰视图

菊花头

立面图
仰视图

二翘

立面图
平面图

头翘

立面图
平面图

麻叶头

立面图
仰视图

正心万拱

立面图
平面图

正心瓜拱

立面图
平面图

厢拱

立面图
平面图

单才万拱

立面图
平面图

单才瓜拱

立面图
平面图

三才升

立面图
侧视图
俯视图

槽升子

立面图
侧视图
俯视图

大斗

立面图
侧面图
俯视图
仰视图

图三六 紫霄大殿内槽内槽平身科斗拱分作设计图（单位：厘米）

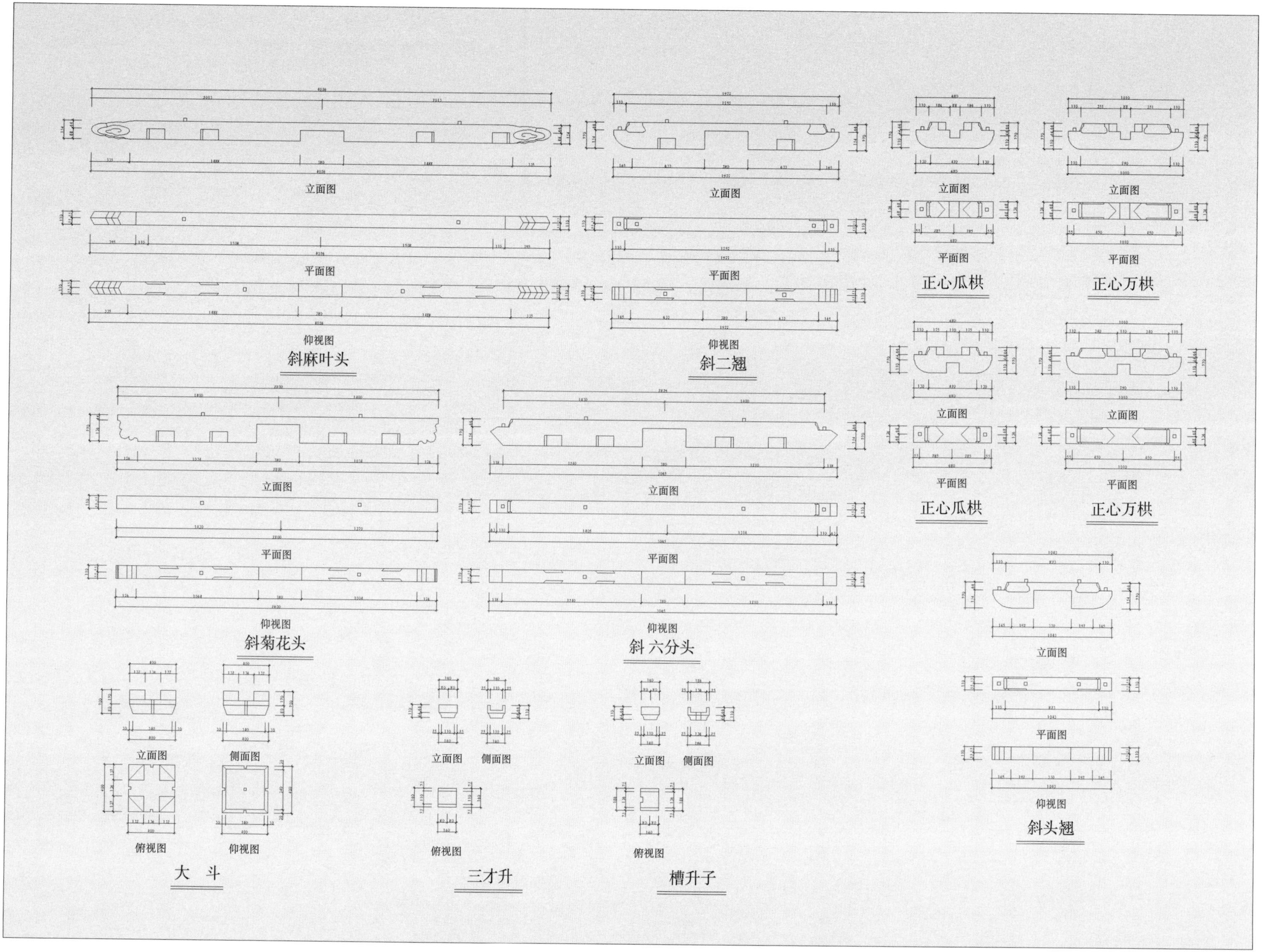

正心万拱

立面图
平面图

正心万拱

立面图
平面图

斜头翘

立面图
平面图
仰视图

正心瓜拱

立面图
平面图

正心瓜拱

立面图
平面图

斜二翘

立面图
平面图
仰视图

斜六分头

立面图
平面图
仰视图
侧面图

槽升子

立面图
俯视图
仰视图

斜麻叶头

立面图
平面图
仰视图

三才升

立面图
俯视图
仰视图
侧面图

斜菊花头

立面图
平面图
仰视图
侧面图

大斗

立面图
俯视图
仰视图

图三七　紫霄大殿内槽柱头科斗栱分件设计图（单位：厘米）

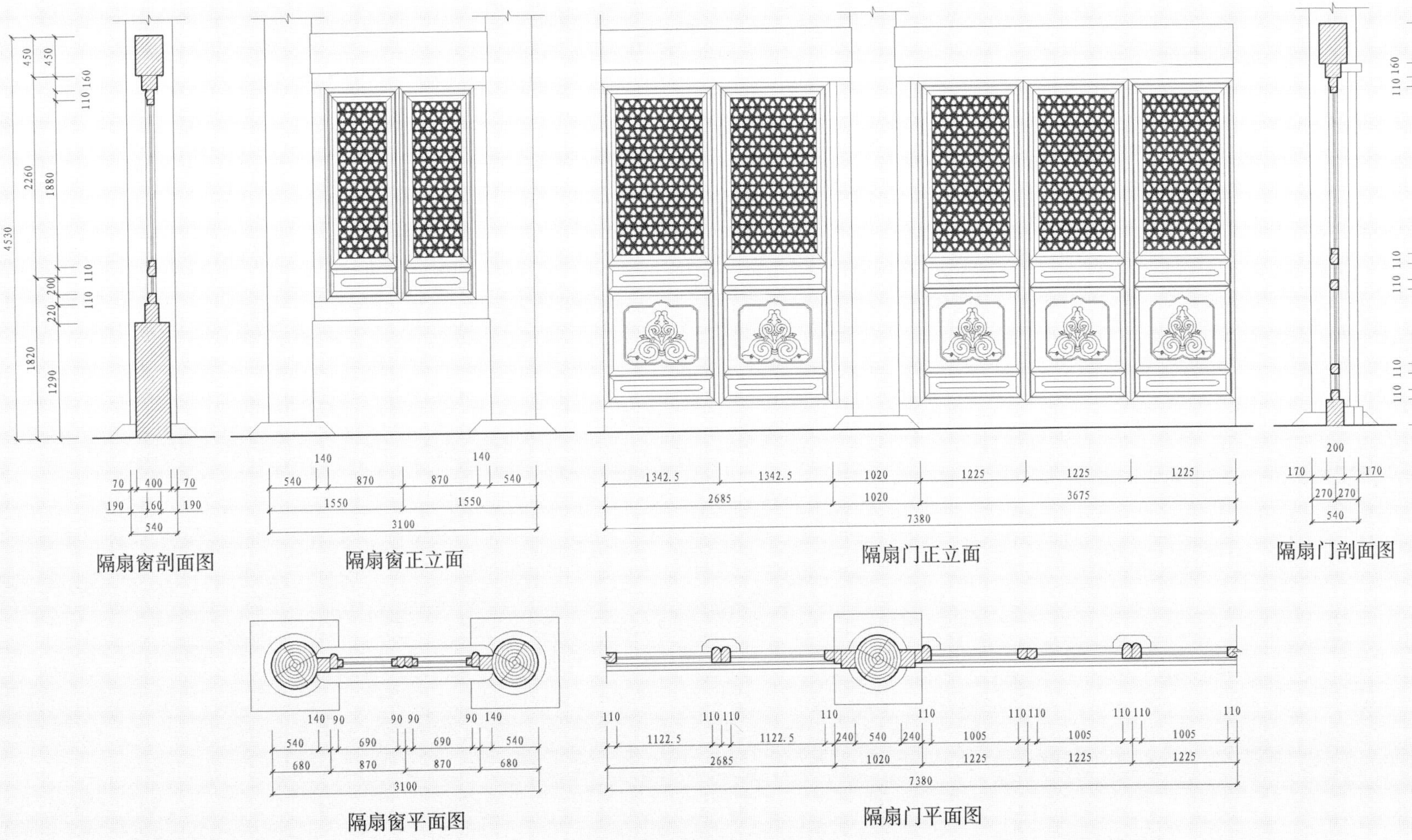

图三八　紫霄大殿门窗大样设计图（单位：厘米）

隔扇门剖面图

隔扇门正立面

隔扇门平面图

隔扇窗正立面

隔扇窗平面图

隔扇窗剖面图

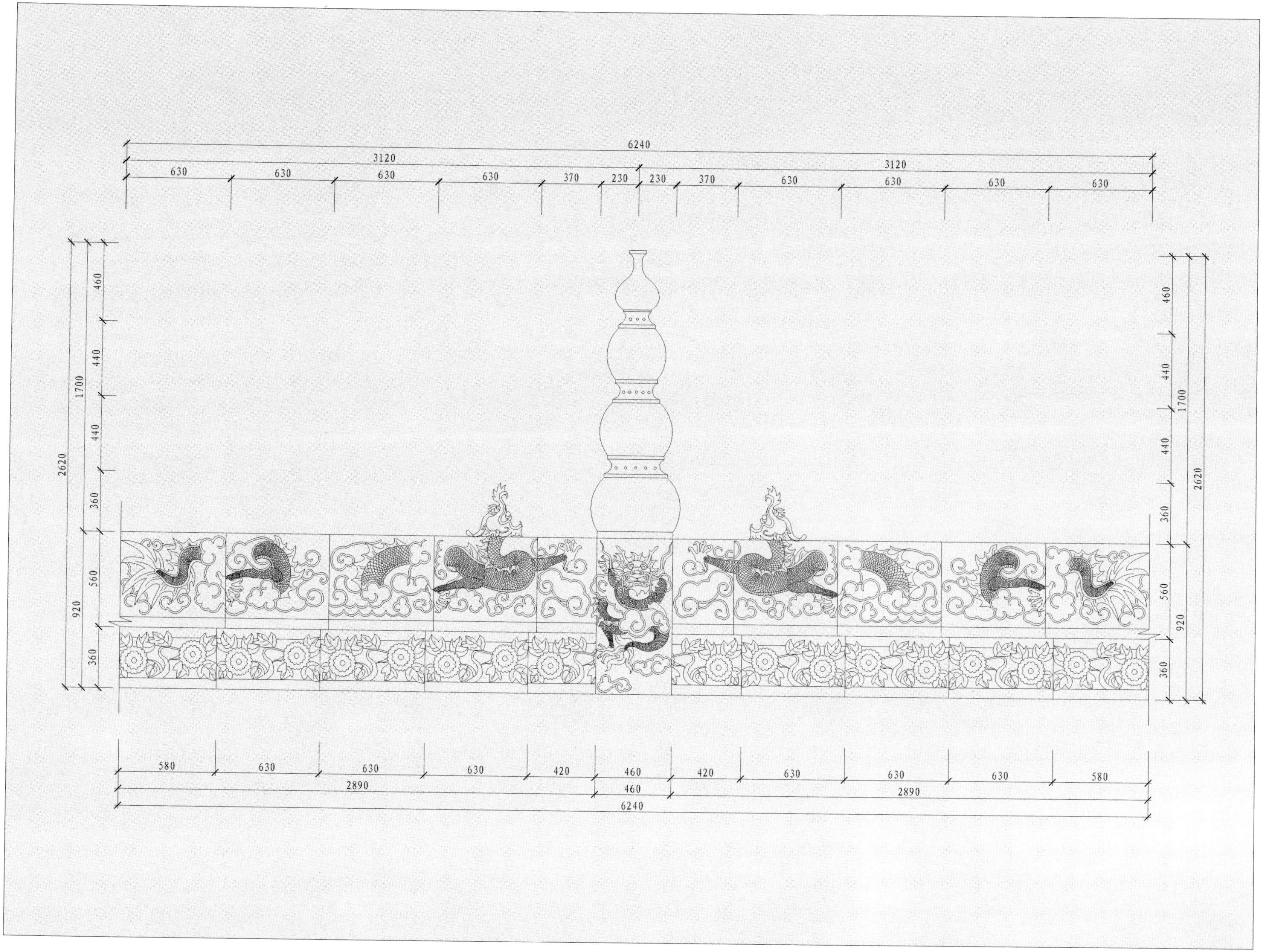

图三九 紫霄大殿正脊大样设计图（单位：厘米）

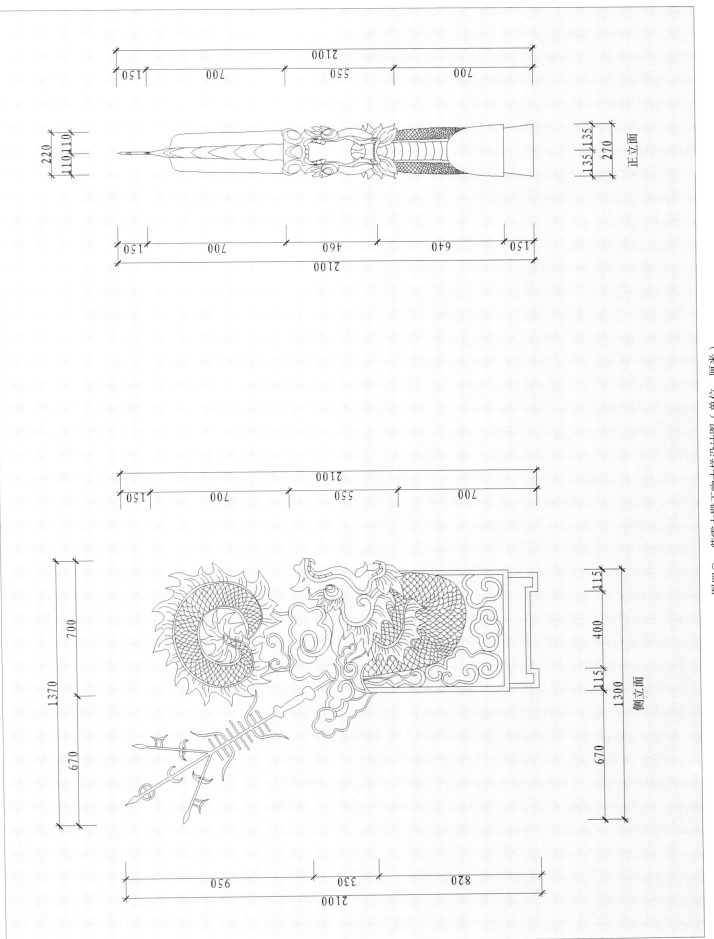

图四〇　紫霄大殿正吻大样设计图（单位：厘米）

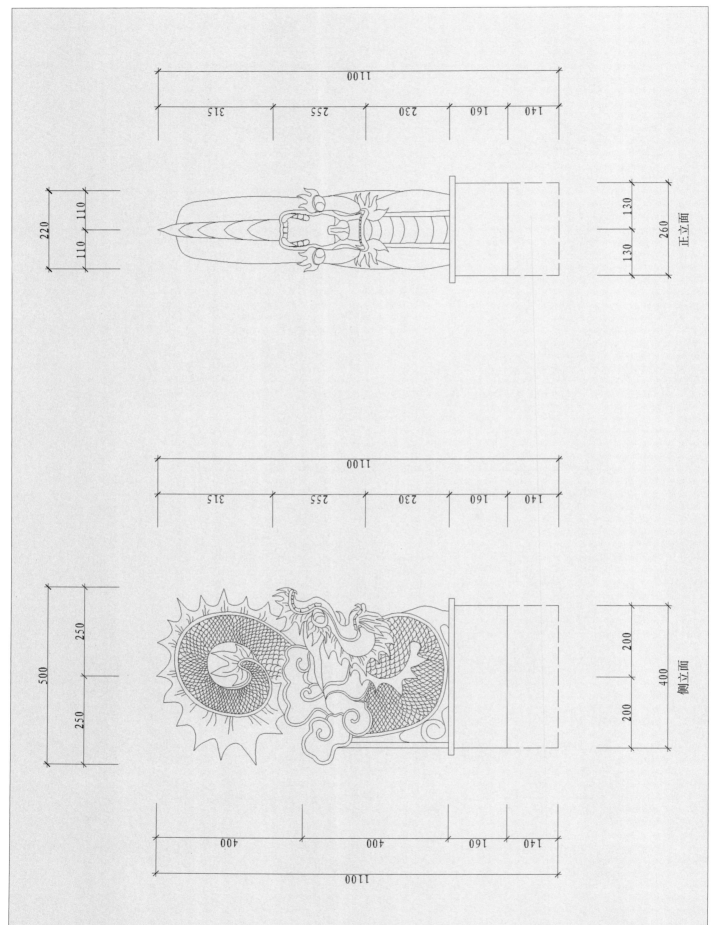

图四一 鳌背大殿垂兽大样设计图（单位：厘米）

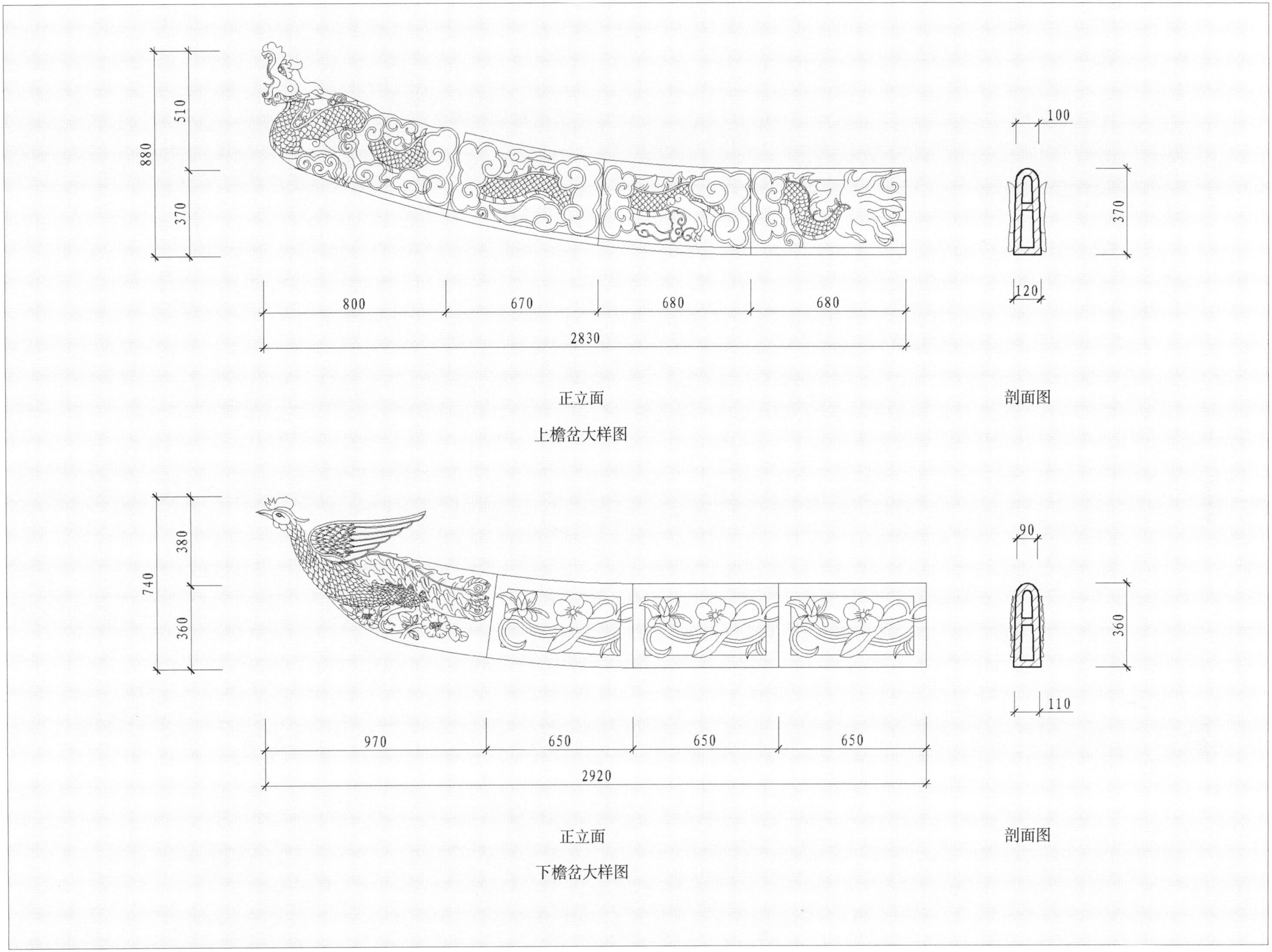

剖面图

370

100

120

正立面
上檐盆脊大样图

680

680

670

800

2830

510

370

880

剖面图

360

90

110

正立面
下檐盆脊大样图

650

650

650

650

970

2920

360

380

740

图四二　紫霄大殿盆脊大样设计图（单位：厘米）

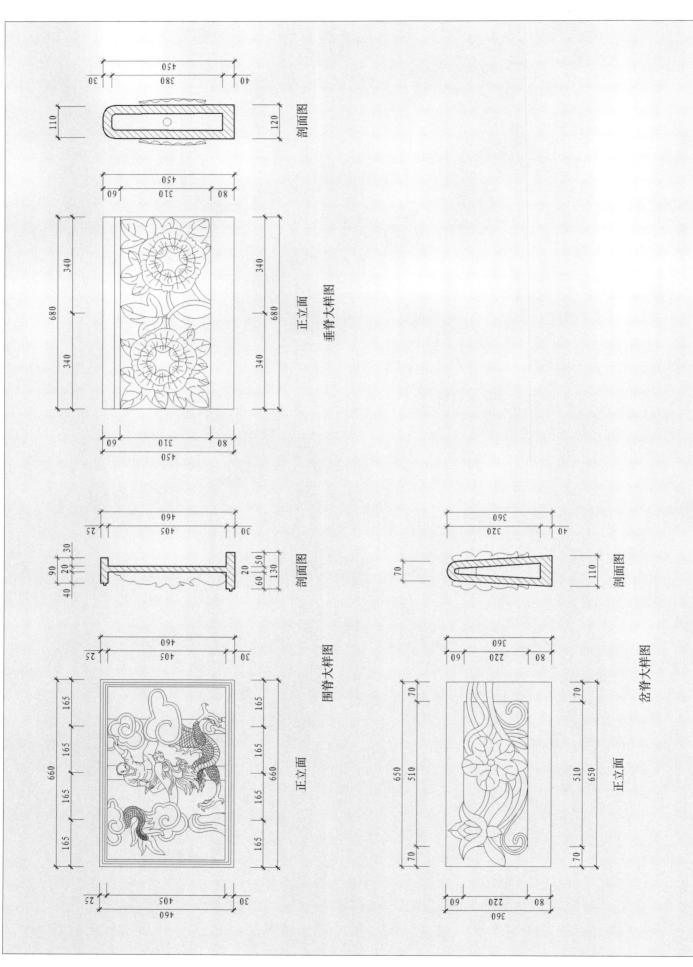

图四三　紫霄大殿脊式大样设计图（单位：厘米）

第五章　紫霄大殿修缮工程竣工技术报告

　　紫霄宫是武当山八宫之一，位于展旗峰下，紫霄大殿是紫霄宫的主体建筑，始建于北宋宣和四年。明永乐十年重建，殿内正脊枋下东头留有"大明永乐十二年圣主御驾敕建"题记；西头留有"皇清光绪拾肆年蒲月吉日众道士及主持重修"题记。另外在下金枋上留有"大清嘉庆採木典至二十五年元（完）工共用艮（银）两约至五千两□"。殿身木结构，彩绘装修，地墁金砖，殿内神龛，铜铸鎏金塑像，全部为明代初期文物；殿顶琉璃瓦除少数勾头、滴水和筒瓦为明代构件外，其余均是清代构件，特别是正吻与脊饰为清代典型的南方风格。

　　紫霄大殿经历五百多年，又处于大山腹地，殿宇残损情况比较严重，其间清代虽有修缮，终因财力不济，多是小修小补及屋面查补雨漏。

　　湖北省人民政府十分重视紫霄大殿的修缮。1990年12月13日，湖北省政府召开省长办公会，决定由省文化、宗教和地方政府共同组成维修领导小组，由副省长韩南鹏任维修领导小组组长，省文化厅副厅长胡美洲、省民委副主任王楚杰、郧阳地委顾问旋敏、丹江口市副市长梁荣秀任副组长，维修领导小组下设办公室，由省、地、市文化和宗教部门联合组成，具体负责大殿的日常维修工作。整个技术工作由省文化厅研究员祝建华同志负责。紫霄大殿修缮工程是湖北省第一个由省长负责的大型古建筑维修工程。遵照《中华人民共和国文物保护法》第十四条所规定的"纪念建筑、古建筑、石窟寺在进行修缮、保护、迁移的时候，必须遵守不改变文物原状的原则"，及省政府专题会议纪要（1990年12月13日），由祝建华牵头，经过实地勘测，制定了《武当山紫霄宫大殿勘查报告》《紫霄大殿修缮复原设计方案》《武当山紫霄宫大殿修缮实施细则》，报国家文物局审查。1991年6月，国家文物局[91]文物字第401号文件批复同意，修缮设计方案付诸施工。同年底，施工队进驻施工现场，搭架、封护神龛、神像等准备工作。1992年春，大殿下檐大木作开始施工；1993年大殿上檐大木作施工；1994年烧制琉璃构件，1995年屋面盖瓦、维修装修、崇台、地面、油漆彩绘、防虫防鸟害等。至此，紫霄大殿修缮工程全部竣工。

　　紫霄大殿维修期间，我国著名古建筑专家单士元、罗哲文、郑孝燮亲自来工地指导，国家文物局郭旃也到工地检查指导。1994年时值武当山申报世界文化遗产，国际古迹遗址理事会委派专家考斯拉、苏米尼迦两位先生前往武当山考察，他们对紫霄大殿维修给予了极高的评价。大殿的维修客观上促进了武当山古建筑群申报世界文化遗产工作。

　　现将修缮技术方面有关事项分别报告如下。

一、修缮工程遵循的原则与规定

古建筑修缮是一项专业性很强的技术工作，其目的是保护和展示建筑的历史和美学价值。因此，在维修过程中我们特别注重了对大殿进行全面历史调查，充分尊重在考察中所取得的原始资料。同时，为认真履行国家文物局批复的修缮设计方案，针对实施施工，特制定如下原则与规定：

1. 修缮原则

遵照1982年全国人民代表大会常务委员会通过的《中华人民共和国文物保护法》中第十四条规定，"古建筑进行修缮、保养、迁移的时候必须遵守不改变文物原状的原则"，为真实完整地保存紫霄殿的历史原貌和建筑特征，在维修过程中以明代早期传统做法为主要的修复手段，最大限度保存和使用原有建筑构件。维修中的补配构件，做到原材料、原工艺、原形制，并详细记录建档。

2. 修缮规定

（1）施工安全与脚手架

为了确保施工能按设计要求、按计划完成，不出工伤事故，我们要求施工脚手架针对施工中可能发生的承重、运输以及施工空间，做了合理的布局和安排。外层主架为双排承重齐檐架子，内部为满堂脚手架。为了保证运输安全，运料用的探海架也采取了双排承重脚手架，在第一层崇台处安装升降机，起吊施工用料。探海架子的高度与第一层脚手架齐平，并在中间搭成马道与上檐脚手架相连。所有脚手架外沿设护身栏杆二道，满铺竹跳板。支架为钢管，为增加其稳定性，顺脚手架45°角作斜撑，同时对升降机架与探海架作钢绳牵拉。实践证明，这种脚手架由于强度较高，不仅保证了大型材料运输、起吊、装卸的安全，而且施工空间较大，便于落架构件就近堆放，方便构件的修复，保证归位复原的准确性。

（2）保持大殿特有的风貌和营造法式特征

紫霄大殿于明永乐十年重建，体现了明代早期官式宫殿建筑的特征。另外，大殿的屋面在清代维修时改变了原来的风貌，这主要是在气候不好的条件下，瓦件容易损坏，而替补的构件又因时代变迁和审美观念差异而不同，特别是大吻、脊饰、翼角全部具有南方特色（与湖南岳阳楼等十分近似）。但这些构件做工考究，十分精美，具有浓郁的宗教氛围，同时又全部采取了镂空做法，不但减轻了自重，也减少了风荷载，既美观，又符合力学的特点。因此，在维修中既要严格参照现状，又要按明代营造法式特征进行。据此，我们参照《关于古迹遗址保护与修复的国际宪章》十一条"各个时代为一古迹之建筑物所做的正当贡献必须予以尊重，因为修复的目的不是追求风格的统一"等有关规定，决定维持现存屋面脊饰不变，保持大殿现存的独特风貌。同时，对明代的大木结构凡损坏的构件进行维修和加固。

（3）严格按报批后的设计方案施工

此次维修，其所有方案、图纸、报告都经国家文物局审定，是施工的基本依据。在施工中，如果发现与实际不符，若有改动，应上报国家文物局审批。从施工情况来看，没有发现设计方案与实际施工不相符的情况。

（4）尽可能保持旧件

紫霄大殿的修建倾注了无数工匠的心血，保存着大量的历史信息。在修复工作中，对损坏的建筑构件一般能修复的都尽可能不去替换。实在需要替换的新构件在材料、质感与色彩上都要求与原构件相配。如果是复原部分，则参照其类同的构件或原有的特征进行修复。

（5）旧构件集中管理

凡维修中被替换下来的旧构件，无论其损坏程度如何，均集中管理；同时，施工中所发现有价值的零散构件，都要收集保管。执行后的情况是，残损瓦件集中堆放在父母殿左侧平敞处，木构件集中堆放道教协会仓库，其他构件存放维修办公室，待工程验收后归档。

（6）做好施工记录

大型建筑的修缮一般要延续一段时间，这就要求在施工中认真做好施工记录，我们的办法是分三个部分记：一是时间天气情况，二是施工人数和技术力量，三是工作内容。

（7）消除隐患

紫霄大殿在维修前已出现严重的问题，主要表现在八个翼角下沉，为防止坍塌，前人在八个翼角加撑擎檐柱。然而隐患不但存在，而且在加剧。本次维修的主要目标是消除隐患。为此，我们侧重对西角承重木结构和大殿八个翼角进行彻底的大修和加固，消除了隐患，确保大殿的安全。

（8）防虫防火

大殿处于深山腹地，各种虫害频繁，突出的有钻木蜂与蚁害，针对这种情况我们采用现代技术予以根除（详见《木构建筑防治虫害的新技术——紫霄大殿利用昆虫嗅觉长效熏杀和驱赶白蚁等害虫的科研报告》）。由于山区缺水，加上乔木落叶、花草枯黄，游人吸烟，防火非常重要。为了确保万无一失，开工前，我们即在龙王井和日池分别安置高压水泵各一台，并开机试喷，将大殿控制在水网之内；同时制定施工防火规范，施工人员严禁吸烟，游客禁止进入施工场地，并派有专职安全员定期巡视，对违者处以重罚。实践证明，这一措施非常必要，由于我们认真执行，安全员不间断的巡视，整个施工期间，没有发生任何问题。

二、修缮技术要点

1. 木构架维修

1992年至1993年，根据施工安排，对大殿木构件开始维修。由于大殿西边翼角下沉是这次维修的

重点，我们仔细检查了基础与墙体，并未发现有特殊的断裂，檐柱也未发现大的异常。检查至大额枋时，发现其向外凸涨，并引起平板枋变曲，继而引起斗栱滑动散脱，导致角梁失去支撑而下垂。前人为了防止角梁发生坍塌，已对翼角作了支撑加固，上檐加支四根短柱，下檐加支四檐柱。这种做法，虽然对大殿外观有一定的影响，但起到了"一柱顶千钧"的作用。在"维修方案"中原打算保留这八根支柱，主要考虑大殿出檐大，角梁悬挑较长，角梁后尾交接的榫卯力学性能减退等。

为了彻底消除和解决这一隐患，我们对平板枋以上木构件大部分进行落架。

落架前详细做好构件编号、记录，保护题记，封护殿内神龛、神像及揭瓦工作。落架时我们对所有的构件（除筒、板瓦以外）都进行了编号，并进行了局部拍照和记录，前檐的彩绘和题刻均用宣纸包扎保护。大殿内原有可移动文物，凡能搬迁的，则请道教协会协助搬运到其他安全地方存放。不能搬动或不便搬动的，则原地保护。殿内主神龛供奉玉皇大帝及金童玉女，质地为泥塑贴金，玉皇大帝像高6.5米，金童玉女像分别高3.6米，这是武当山保存最大的玉皇像。因武当山在明代以后主神为真武，质地多为铜铸鎏金，这三尊泥塑像有可能为北宋末年大殿始建时建造。为了保护好这组神像，我们用木板将神龛全部封护起来，神龛顶部加盖油毡，并用尼龙薄膜做成外罩，套在神像上面。神龛前两侧列有铜铸站像各三尊，分别为赵天君、关天君、马天君、温天君、水将军和火将军。亦用同样办法予以保护。

落架维修的基本方法是：先下檐后上檐，先大木后装修，边维修边归安。为了确保拆卸后的构件能按原状归安，我们要求落架构件就近堆放在脚手架上。真正做到有条不紊，确保其真实性和原生性。

（1）立柱维修

紫霄大殿共有立柱三十六根，童柱二十八根。

金柱，硕大，柱径76厘米，高达10余米，除西南金柱有一个陈旧的柱洞外，其他柱子保存较好。由于大殿是紫霄宫的主体建筑，历史上有过多次大型宗教活动，挂幡扬旌，导致柱子外表留有不少废弃的洞眼和卯口，不仅影响外观，而且空洞又阻碍了柱子在竖向压力传导上的通畅，反过来对柱子本身形成影响。针对这种情况，我们选择相同的树种，按材质纹路，对所有的洞眼进行了嵌补。西南向金柱柱洞，因其不规则，只能根据基本形态嵌补粘接木材后，再用油灰刮平。

檐柱，柱径54厘米，靠山面部分的檐柱有不同程度的损坏；后檐柱又因受天乙泉的潮湿影响，柱脚损坏较重。维修中，对靠山面的檐柱采取嵌补，对后檐柱采取挖补和局部墩接的维修方法。

老檐柱，柱径64厘米，共十四根，个别柱子局部有废弃的枋眼，全部用木材嵌补。

东次间，西向金瓜柱糟朽，已丧失力学性能。我们先对其相关构件进行支顶，然后采取偷梁换柱的办法，偷出金瓜柱，按原有规格尺度，制新件归安，并在沿金枋交接处加铁箍一道，增加其稳定性。

（2）梁架维修

三架梁：高46×宽34×长400厘米。保存一般，主要做清理和加固。

五架梁：高46×宽37×长700厘米，主要针对东次间北向五架梁，由于该梁架金瓜柱糟朽，榫卯滑脱。在金瓜柱维修后，施铁箍加固归位。

单步梁：主要是西次间单步梁糟朽，采取挖补办法维修，新替补的木材先用环氧树脂粘合，然后施加铁箍加固，并用镙钉拴牢。

十一架梁：高52×宽28×长1620厘米，由二根大木组成，交合处用燕尾榫，北次间梁架局部糟朽。由于面积较小，采取挖补法并施铁箍加固。

顺扒梁：高52×宽38×长840厘米，位于D轴线上，两金柱间顺扒梁糟朽，局部空鼓，先挖补糟朽部分，并作新件嵌填，以环氧树脂粘接，并施铁箍加固。

上檐角梁：损坏上檐老角梁长970×高38×宽28厘米，四个翼角由于屋面构件松脱和局部散失，导致雨水侵蚀，损坏非常严重。A角仔老角梁糟朽，D角仔老角梁糟朽，B角和C角梁亦有不同程度的糟朽。由于角梁出檐较大，其上瓦件脊饰负荷较重，为了防止其坍塌，前人曾用擎檐柱支撑。针对此种情况，我们从神农架购回花栗树，该材料质地坚硬，经过干燥后，按原规格制作新件，将糟朽老角梁予以更换。为了防止材料干裂，在角梁前部加施铁箍；为了防止滑动，又在老角梁与下金桁交合处以铁件拴牢，使角梁、下金桁、下金瓜柱形成一个整体。

下檐角梁：长960×高38×宽30厘米，仔角梁长520厘米，四个翼角同样因屋面漏雨而损坏，也用擎檐柱支顶。A角与B角仔老角梁全部糟朽，已丧失力学性能，C角与D角仔角梁严重糟朽，亦采取上述办法进行了更换和加固。

擎檐柱：上下檐角梁经过维修后，已将原有的病患全部解除，支撑翼角的擎檐柱已失去意义和作用。为此，我们去掉八根擎檐柱，存放库房保管。

挑尖梁：主要损坏的有南向东次间和东向山面稍间，根据其糟朽的程度分别进行处理。南向东次间因完全糟朽，便采取更换新件；东向山面稍间则采用挖补、嵌填、粘接、加固的办法进行修缮。

挑尖随梁：下檐损坏五根，其中完全丧失力学性能二根。对残损的三根进行铁件加固，另二根按原规格进行更换。

双步梁：主要损坏有上檐西向次间。采用的方法是先将糟朽部分剔除干净，边缘稍加规整，然后依照糟朽部位的形状用旧料钉补完整，并加环氧树脂粘固，由于面积较大，加施铁件拴牢。

大额枋：上檐南向西次间大额枋局部糟朽，长639×高74×宽35厘米；西向南次间大额枋亦残破，长639×高74×宽35厘米。由于该料较大，且下面分别由额垫板、承椽枋（小额枋）承托，亦采取挖补糟朽部分，制新料嵌补。

下檐次间大额枋长639×高58×宽26厘米。主要糟朽的有南向东次间和北向西次间，并引起斗栱下沉变形、脱榫、移位。特别是北向西次间是一根"假"额枋，系用四块木板拼用，内部却是空洞，由于受屋面重力的影响，上层平板枋受压变形，两侧扭曲外凸，导致斗栱、枋檐全部移位，翼角下沉。在勘测时，因其十分隐蔽，故认为翼角的下沉可能是因地基变化而引起。经勘测后，我们认为，可能是清

代维修时所致。根据东次间下金枋题书："大清嘉庆八年採木典至二十五年元工"的记载，这是大殿最后一次修缮，也是持续时间最长的小型修缮。估计当时因为是额枋用材太大，更换亦十分困难，木匠徐明万父子则采取了使用"假额枋"的权宜之计。此次修缮，对上述二根额枋进行了更换。

脊枋：主要糟朽有上檐南向东次间，长580×高46×宽30厘米，西向北次间，长400×高46×宽30厘米。由于脊枋上承托椽子及瓦件脊饰，而糟朽的构件经测算已不能独立承受压力，故也采取按原样更换新件。

其他枋类：共计残损二十一件，其中下檐平板枋四件、上檐拽枋十四件、内槽拽枋三件。其维修办法如下，对劈裂的采用木条嵌粘接牢固；对变形扭曲的，将原件拆御后，反转放置，并加以一定的重压，进行校正。个别加铁件加固、归位。对缺散的拽枋，则按原规格、原材质添配新件。

2. 斗栱维修

大殿共有斗栱一百九十六攒，其中外檐斗栱一百二十八攒，内槽斗栱二十四攒、隔架科斗栱四十四攒。外檐斗栱为上檐七踩单翘重昂斗栱；下檐五踩重昂花台溜金斗栱，内槽为七踩重翘品字科斗栱，隔架科为重栱。斗栱全部构件有七千九百一十六件。其中坐斗、十八斗、三才升槽升子等计有四千五百三十二件，昂、要头、瓜栱、万栱、厢栱等构件三千三百八十四件。因残缺或完全糟朽而复制的各类斗三百六十一件，占总数8%；因散失和完全腐坏而复制的要头、昂、栱等构件二百三十六件，占总数的7%。其余构件在修补后原件归安。

修缮的主要办法：斗，劈裂为两半的顺纹路对齐用环氧树脂粘接后继续使用；斗耳断落的按原尺寸式样补配，粘牢钉固；斗腰压扁的则用硬木板补齐。栱，劈裂未脱落的灌环氧树脂粘牢，加铁钉加固；扭曲的折卸后进行加压校正再归安，榫头断裂的补新榫粘牢。昂，由于造型的影响，昂嘴常常顺木纹从中开裂，不少昂嘴脱落。为了克服昂嘴顺纹断裂和变形这一难点，我们对裂缝粘接的昂和重新补配昂嘴的构件，在环氧树脂粘接后，全部用直径4毫米的镀锌铁丝顺粘接处交叉缠绕。由于镀锌铁丝较细，且成型较好，在以后的油饰工程中易于遮盖，故效果比较好。

3. 木装修维修

大殿前檐，作五抹头三交六椀隔扇门，明间六扇，每扇363×122厘米；次间各四扇，363×134厘米；稍间各置隔扇窗二扇，每扇241×87厘米。后檐明间开有六扇门，其他为墙体。前檐隔扇由于用材较大，扇面过宽，引起抹头下坠而榫头移位和断裂，个别菱花脱落或散失。对此，在修补榫头后，先用环氧粘接，再对每扇门窗抹角处加施90°角的角钢，并用镙丝钉紧。为了避免关启受到影响，角钢在嵌补时，将抹头顺方向挖出小槽，并用油漆腻子刮平。后门六扇连在一起的，为了保持旧件，我们对两边梃进行更换，填补绦环板，按前檐隔扇复原归安。归安后的隔扇门，开启自如。

大殿正中置六角藻井，井身如华盖高出天花，井内木雕蟠龙戏珠；藻井外周为井口式天花，由支条组成大方格，天花板则分块安装。这些构件除个别天花散失、天花板残裂、少数构件因木材收缩变形开裂外，一般保持尚好。对天花板残裂的则钉补整齐，欠缺部分则按原尺寸补配。对支条开裂的，加环氧树脂粘牢并用直径4毫米镀锌铁丝绑扎成一个整体。

4. 屋面维修

屋面原盖孔雀蓝琉璃瓦，正脊由六条三彩琉璃飞龙组成，中间安装宝瓶，大吻作吞口卷尾、黄甲绿翅，垂脊饰莲花彩龙，围脊镂空浮雕道教人物故事和山水花鸟，上檐四条岔脊饰飞龙，下檐四条岔脊饰彩凤，是典型的南方做法。与湖南岳阳楼的清代脊饰类似。屋面构件保存不好，脊饰散失，瓦面捉带夹垄灰酥松，构件脱位，严重漏雨。在揭瓦大修前，我们对所有的构件进行了编号、登记、拍照和记录。拆卸时，则按编号归类，码放整齐，以便归位时准确、方便；同时对卸下的瓦件进行清理，用小铲铲掉瓦件上的灰迹，再用麻布清扫。由于大殿多次维修，屋面瓦件不齐，色调不一，亦对此进行了归类。在清理大殿瓦件时，发现脊筒上刻有清代的题记"湖南长沙县铜官市张春泰造"。由此判断屋上瓦件脊饰来自湖南铜官，为此，专门派人到湖南购回同等质地、色彩的琉璃瓦等构件。

考虑到南方多雨的特点，为防止渗漏，决定在望板上加盖一层油毡，然后再上瓦，为防止泥背在油毡上滑动，我们在望板上加盖油毡后，并顺屋面的走向，加钉细木条，再用泥青封住钉眼。在施麻刀灰背时，我们一改以往的做法，将灰背降低到最小的限度，并适当提高底瓦的密度，以避免雨水倒灌。在上瓦时，将清理出的旧瓦集中放在前檐，杂色旧瓦则分片使用在后檐，不够则补充新瓦，两山面则全部为新瓦件。

原有脊饰在拆卸时，脊桩和穿插用的木条由于雨水浸蚀多已断裂和糟朽。这次归安时则改用钢筋条代替，并用直径6毫米的钢筋条将两边垂脊串连起来。

翼角脊饰出檐起翘较大，曾用弧形铁板承托，以替代仔角梁，拆卸时发现铁板已锈蚀，并失去力学性能。此次改用不锈钢板按原样制作代替，效果很好。

原有当沟系用白灰勾抹，其上画有纹饰，因雨水冲刷，已毁。维修中改用耐水耐晒的丙烯颜料按原纹饰描画，效果十分理想。

此次修缮还恢复了垂兽前的灵官和翼角下的八仙人物，使大殿脊饰更加完美合谐。

5. 油漆彩绘

斗栱彩绘。大殿下檐前面部分斗栱，原绘有群青、粉绿、赭石三种彩绘，在色块相交处以白线勾勒内围，以黑线镶边，十分富丽。由于山区气候潮湿和日照频繁，不少地方色彩脱落。上檐斗栱没有彩绘。针对这种情况，我们对上下檐斗栱彩绘采取了区别对待的办法。下檐斗栱，采用传统的矿物颜料，按斗

棋原有的色彩，对两山面和后檐原没有色彩的斗棋进行了色彩复原。对前檐外面斗棋原有彩绘，采取了补描和填补脱色空白的办法进行修补。全部颜色做完后，为了避免前后檐新旧色彩之间的差异，对新补的颜色进行了做旧处理。

上檐斗棋因没有彩绘，此次复原，我们对颜色质地进行了分析。由于下层原有色彩受气候影响保存较差，必须选择一种耐水，耐日照的新型颜料，经过分析比较，采取目前国际上比较流行的丙烯颜料，这种颜料十余年前在北京机场使用，直至今画面效果非常好，特别是这种颜料防水耐晒，而且不脱色，附着力强。颜料选定后，我们仍按下檐斗棋的彩绘谱子，对上檐斗棋全部进行了彩绘。实践证明，上下檐不同质地的彩绘，在外观、色彩、式样上几乎没有什么区别，十分统一，效果良好。

梁枋彩绘。大殿内小额枋以上天花以下，所有木构绘有苏式彩绘。彩画的布局，将梁枋大略分为三段，两边画旋子彩画，中间枋心则以人物故事为主，主要有二十四孝图、太子成仙图和封神故事。人物比例准确，造型精美，手法高超，是彩画中的精品。在随梁枋较小的枋心内则描画山水、花鸟、博古图，亦十分精美。由于彩绘脱色十分厉害，我们原计划对其进行补描。1995年5月，国家文物局郭旃同志来工地视察，对彩画进行了认真的考查，认为彩画水平很高，不是一般工匠所能修复，嘱咐最好不要动。根据这一意见，殿内彩绘原样保留，不作改动。

114

大殿外檐额枋留有二幅人物彩绘脱色十分严重。由于斗棋等彩绘进行了补描和修复，这二幅彩绘就更显得与环境不协调，为此对这二幅彩绘进行修补。为确保其质量，由工程师祝建华亲自进行补描和填补空白。经过修补的彩绘仍保持原有造型、色彩，并取得与周围彩绘相和谐的效果。

油漆。由于历史上多次进行过漆饰，大殿内留下了很多痕迹。为了确保工程质量，我们对大殿原有的木构进行了认真的清洗。清洗后对木构上留下的洞眼进行嵌补。先用灰油刮后，用油满灰刮二遍，干后磨平擦净，再抹细灰找平。油漆颜料为紫红色醇酸磁漆。由于市面上无法购买，经与武汉双虎涂料集团联系，予以定做。油漆做法：柱子、门窗、椽子、望板、搏风板等通做三道漆。天花以上、室内梁架刷桐油二遍。

6. 防虫防腐

主要虫害是一种俗名"钻木蜂"的土蜂，这种土蜂成群活动，往往在木构上选钻一个眼，然后顺眼打洞，群居而生，十分厉害，不少木构被钻得满身是洞。我们经与武汉白蚁研究所联系，购得美国杜邦公司新近研究的低毒长效防虫药水9020。在大殿未做油漆彩绘之前，我们用9020药液兑油漆腻子对原有的蜂洞进行了清扫和堵死，然后将药液对所有木构进行了喷洒和涂刷，取得了非常好的效果，并对其他蚁类和昆虫起到杀灭和抑制的作用。为了彻底防治，我们将药液灌在小瓶中，用棉花浸泡，瓶盖上打三个小孔，使药液能在较长的时间内慢慢挥发，达到长效防治的目的，药液挥发完后，再灌进新的药液。由于药瓶体量很小，将其分别放在斗棋的隐蔽处，效果亦十分好。

木材受潮容易滋生木腐菌，导致木构槽朽腐烂。因此对木材防腐，一是防止雨水直接浸湿；二是干燥通风；三是使用水溶性硼铬合剂喷洒，杀灭木腐菌。维修中，我们恢复大殿上檐两山的通风窗，使上层木构通风环境得到改善；另外，我们对归安的木构件全部喷洒水溶性硼铬合剂，清除木腐菌。

7. 台基、月台、崇台维修

维修前，我们发现大殿西角翼角下沉约20厘米，便对基础进行详细的勘查。其岩性为距今10至13亿年的中上元古界中酸性火山岩、基性岩及沉积砂页岩的变质岩。由于地壳运动，展旗峰与香炉峰、蜡烛峰相对突起，中间下沉为深谷，剑河蜿蜒流过，大殿坐落在展旗峰突起的第二级台地上，地质状况良好。大殿后有一泉名天乙泉，泉水终年不息，此泉除了供道人饮用外，每逢雨季，泉水溢满，从大殿两侧排出，由于泉水长年流淌，大殿台基亦受到一定的侵蚀。台基为青石包砌，青石为绿色泥纳长片岩，除部分阶条石、陡板石滑动移位外，四角角柱石没有下陷和移动的痕迹，而且西侧山墙及槛墙边未见闪动。经水平仪勘测，四角基本在同一水平上，为此，我们侧重对闪动的陡板条石作归安处理，个别严重酥碱的压面石作了剔补。原散失的石栏，按原规制作了恢复。台基四角，在清代末年支有擎檐柱，下作石础。另在台基东南两侧开有临时踏步石，这次修缮剔除擎檐柱及临时踏步石，按原规制作石栏封护。

原月台前侧有民国年间用青砖围砌的花坛，种植花木，由于雨水渗透及植物根系攀附，造成月台陡板石严重错位，压面石因此向前滑动。根据维修方案，将土坛拆除，并将坛中木本植物移走，再将条石编号、重新调砌。在除土的过程中，我们发现月台两侧留有部分象眼石和阶条石。由此可知月台三面都有台阶，于是参照其他宫观同类月台，利用残留的石件，做了复原。

紫霄大殿有崇台三层，由于年久失修，石构件较多闪动，特别是崇台两侧的台阶，因受天乙真庆泉的影响，构件散失较多，这次借道教协会维修配房之机，做了恢复。

由于大殿处于紫霄宫风水意象中"穴"的位置，大殿后有一股长年不枯的清泉，古人便在此建有"天乙泉"和"金沙坑"。天乙泉开凿于北宋，为方形围栏形式，设计精巧。天乙泉上置石雕玄武，龟内为泉眼，水从龟嘴中流出，十分玄妙，但龟头散失，龟背蛇首已残，原准备恢复龟首，后来在清理石构件时发现原件，故未作大的改动，仅依原祥去除杂土，加固基础。原有石栏杆亦散失，根据残存的石构作了恢复。金沙坑位于殿后崇台的陡板上，高仅80厘米，仿木构歇山式抱厦石雕，根据其位置与体量判断，当系一小型神龛，保护较好，维修中主要清理了龛内杂物。

8. 屋面荷载
（1）大殿荷载

大殿屋面为南方做法，维修前上下檐出檐部分作望板，其上做较薄的灰背，然后盖瓦；未出檐部分做望瓦，望瓦上搁底瓦，再捏节夹垄做盖瓦。上层九条脊，下层四条脊，沿圈作围脊。大吻高195×宽

63×厚27厘米，镂空卷龙。正脊双层，上层为龙脊，长63×高56×宽12厘米，底层为镂空花脊，高36×长63×宽12厘米。垂脊筒高68×长68×宽11厘米，镂空莲花纹。垂兽高110×宽40×厚20厘米，垂兽座较大，且为砖砌。岔脊筒高36×长65×宽11厘米。围脊筒46×66×13厘米。经计算，所有脊饰及艺术构件重约5000公斤，瓦顶面积1074平方米，每平方米瓦及灰重约150公斤，加上脊饰，屋面全部重量约166吨，屋面均荷载每平方厘米1.5公斤。根据中国材料科学院《中国主要树种木材物理力学性质和用途》所列《主要树种的木材物理力学性质》的综合指数看木材顺纹受压强度300kg/cm²，变曲强度500kg/cm²以上，顺纹受剪强度（径向）49kg/cm²以上，可以说大殿屋面在荷载上远远低于所能承受的强度。由于木材物理性能因树种、材质、产地等多种元素而产生差异，紫霄大殿屋面的荷载主要针对屋面在维修前后的差异来计算。总的原则是进一步减轻荷载，增加强度。根据维修方案，决定将出檐部分的望板顺势连接到脊檩，就是说把未出檐部分的望瓦变为望板。经计算每平方米望瓦九块，每块重4.5公斤，每平方米望瓦共重40.5公斤，屋面1073平方米，1073×40.5=43456.5公斤≈43吨，就是说维修后的大殿屋面荷载比原来减轻43吨。即每平方厘米减轻0.4公斤。实践证明，屋面铺盖望板后，整体性更好、强度更大。

（2）风雪对屋面的影响

武当山的气候在3、4月份时冷空气频繁，风较大，多为偏东风，据气向部门资料，最大风速每秒2米，这样的风速对高达20米的大殿有一定影响，但不会形成破坏性威胁。特别是紫霄大殿前有大小宝珠峰、后有展旗蜂、左右有护山，故没有大的影响。紫霄宫海拔约700～1000米，展旗峰以下年降雪约17天，一般在11月至来年3月，持续期为130天，积雪厚度不超过0.4米，大殿将增加荷载约250吨，平均每平方厘米2.5公斤，仍然低于大殿可以承受的荷载。但考虑到大殿脊饰高大，山风对其有一定的影响，我们在恢复原有的脊饰构件后，特别对大吻、宝瓶、垂兽、翼角做了铁件加固处理。

9. 防地震与雷电

武当山地区有四条断裂带相互交切，东为丹江断裂带，南为东南向青峰断裂带，西为近南北向竹溪断裂带，北为近东西向丹凤至内乡断裂带，由此构成武当山梯形断块。武当山处于腹地，而地震带集中在断块的四角及边缘。武当山附近发生地震最大等级为2～2.9级，属安全区。故此，我们侧重对大木构件连接处做铁箍加固处理，以作预防。

武当山雷电季节为3至9月，年均30天，6月至8月为多发期。本地区雷电绝大部分围绕在天柱峰，形成武当山奇景——烈火炼殿（即球雷环绕金殿轰击），其他地区较少雷电，特别是像紫霄宫四面环山的台地，云层大多集聚在展旗峰以上，雷电极少，历史上也未发生雷击。同时，从雷电的选择和自然消雷的角度来分析，雷电主要顺着潮湿的气流波动，选择最高的物体进行释放，如果遇上电阻即产生雷击。紫霄殿处于台地低凹，含有雷电的云层自上而下时最先接触的是四周山体和高树木，电流即沿着山体树木自然消释。另外大殿虽处于低处，但台基相对高，建筑处于清凉干燥状态，提高了建筑物的抗雷水平。且排水通畅，加上建筑物的翼角远挑，有半导消雷的功能。根据大殿所处的环境和自身结构，建筑应处在一个相对绝缘并十分安全的状态。考虑到经费困难等多种原因，建议在大殿维修后，再聘请消防部门做防雷装置。

三、工程目标的完成与质量评估

湖北省人民政府非常重视紫霄大殿维修保护工作，由湖北省文化、宗教部门和地方政府共同组成维修领导小组，副省长韩南鹏任维修领导小组组长，修缮工程由省文化厅主持，并派出工程技术人员长驻工地指导施工。遵照《文物保护法》有关"纪念建筑、古建筑、石窟寺在进行修缮、保护、迁移的时候，必须遵守不改变文物原状的原则"。1992年开始施工，1995年底竣工，历时四年。

1996年5月，国家文物局委派由罗哲文为组长，以傅连兴、奚三彩、晋宏逵、傅清远等组成的专家组前往武当山对紫霄大殿维修工程进行验收。

专家组对竣工后的紫霄大殿进行了实地考察、拍照和记录，并听取了修缮竣工技术报告和对若干技术问题的说明。经过评审会议，与会专家一致同意通过验收，并建议申报文物维修优质工程。

四、施工中的几点发现

清理大殿台基四周杂土时，发现一件土黄色琉璃瓶嘴瓦，规格31 × 22 × 4厘米，这种瓦是安装在正脊、博脊和围脊根部位筒瓦垄与脊交汇点上的特殊构件。由于脊根部位的筒瓦需与正当勾相搭接，为了保证搭接严密，特意在普通瓦的瓦背尾部做出一个半圆形榫槽，用以支撑正当勾的下口，其外形似一个油瓶的瓶嘴，故名油瓶嘴瓦。这种瓦在宋代比较流行。

拆卸大殿脊饰时，发现琉璃构件上多处有硬笔刻画的题记："湖南长沙县铜官市张春泰造"。这一题记再次证实大殿在清光绪十四年有过一次较大的修缮。可能在修缮时，将大殿原有的脊饰换成现在的这种脊饰，使之更具有南方特点。

斗栱维修时，发现柱头科和角科斗栱坐斗下垫有一张宣纸白描的彩绘图案。图案有好几种花纹，每种花纹呈四方排列。我们推测，可能是柱子上彩绘的一种办法。因在武当山其他宫观木构上发现有用宣纸为底的彩绘。由于该图案并未着色，这种推测是否合理、是否有宗教上的原因，留待后人分析。

大梁维修时，发现三架梁上留有不少蒺藜，这种蒺藜呈深黑色，刺特别长，特别坚硬。经分析，这是古代一种防止鸟兽在大殿内做巢的办法。也许正是这种原因，紫霄大殿天花上若大的空间从未发现鸟兽活动的迹象。这种蒺藜一般放在歇山两侧的通风口，以阻挡鸟兽由此处进入（维修后蒺藜依旧放还原

处）。

　　紫霄大殿的维修保护是一项极为复杂的综合性技术，涉及到土木工程、文物保护、油漆彩绘、防虫防火以及艺术造型等多方面的专业知识和保护技术；同时又因为紫霄大殿重建时间早，其间又曾多次维修过，由此而保留下来了各种历史信息。这次维修是继明永乐十年重建以来最大规模、最彻底的一次修缮，整个工作始终在省政府和省文化厅领导下进行的。严格遵守不改变文物原状、保留其历史遗留的各种信息是此次维修的指导思想。无论施工技术的复杂程度，还是材料采购中出现的各种困难，我们始终不一地坚持了这一指导思想。本文仅就紫霄大殿维修工作中有关技术问题做一总结。

第六章　紫霄大殿修缮工程科技成果

一、中国古代木结构体系的巅峰杰作——紫霄大殿营造做法研究

元至明，是中国文化的历史转折点，从而在思想观念上带来了巨大变化，建筑面临着新政权、新统治阶级的新期望，以及更高的审美要求。明朱元璋时期，因经济薄弱，官式建筑缺乏财力支撑，没有明显的变化。但在民间，特别是江南广大地区，因商业贸易的刺激，建筑行业十分活跃，富庶的江南使中国建筑技艺发展得"过度"成熟，出现了高达三层的木构商住建筑，已形成了对北方奉为经典的唐宋建筑制度的批判与挑战。到了明永乐时期，国家经过休养生息，实力大增，建筑领域开始了大规模的营造活动，最突出的是"南修武当，北建故宫"。江南许多优秀的民间建筑技艺在这个阶段得到充分的演义。官式建筑自此离开了唐宋经验的桎梏，走向民间实用智慧的领域，通过创新，官式建筑变得高大而新颖。这场变革的意义不是以其广度而是以其深度和新的建筑秩序为特征，从而显得格外的突出和伟大。值得庆幸的是这些思想和概念上的基因，完整地沉淀在武当山古建筑群中。就单体建筑而言，紫霄大殿就是这一历史时期的标志和时代的信息源。

1. 明永乐中期是《营造法式》嬗变到《工程做法》的关键时期

中国木结构建筑从浙江河姆渡考古中发现的新石器时代建筑遗址算起，距今已有8000年，形成了独具特色的中国木结构体系。这个体系经过几千年的发展，在唐宋时期达到一个高峰，至元代持续稳定，到了明代，木结构从设计到建造又出现了一个新的高峰，过渡到清代又沉淀下来。分别代表这两个高峰的是宋代《营造法式》、清代《工程做法》两本著作。由于这两本书在营造法式上有较大程度的差异，缺乏一个过渡环节。从宋代至清代，什么时候又是什么原因使《营造法式》官式做法发生了变化？学术界对于明代建筑的研究倾注了极大的热情，但由于明代建筑实物较少，特别是明初建筑更少，给研究工作带来了不少困惑。这种变革发生在明代哪个时期？为什么要变革？学术界至今没有结论。我们认为中国古代木构建筑技术变革应发生在明永乐中期。

（1）木结构做法在明代发生变革，源于政治原因与地域因素

公元1368年，朱元璋建立明王朝。朱元璋在起兵时极力宣扬大汉文化，提出"驱除胡虏，恢复中华，立纲陈纪，救济斯民"的政治纲领，争取到民众支持而夺取胜利。特别是蒙古人在夺取政权前，大肆屠杀汉人，铁骑所到之处，千里不见人烟。"汉人无补元国，可悉空其人以为牧地"（《元史·耶律楚材传》）。统治中原后，又将汉人列为四等人之末，极大地伤害了汉民族。朱元璋登基后，下令废除元代的

一切章典制度，仿照唐宋制度，托古创新。因此在建筑界也引起一系列变革。朱元璋是南方新兴的地主利益的代表，其统治集团多是江南人士，特别是明初负责大型工程和工部的负责人，如中山侯汤和、韩国公李善长、宋国公冯晓、江阳侯吴良、大将军耿炳文、工部尚书薛祥等都是安徽人。由于地域原因，这些人对南方文化十分偏爱，江南地区建筑对他们影响非常深远。更重要的是南京作为当时的首都，其气候与北方不同，北方防风防寒而形成的建筑特点，必须转移到南方的防雨、防潮等方面。宫殿建筑由厚实、低矮、粗壮向高大、宽敞、轻盈演变。《营造法式》中建筑法则受到极大的挑战，江南民间建筑由此迅速对官式建筑产生影响。

不可否认的是这种影响在变革初期主要反映在观念上，因为建筑营造需要一个非常强大的经济基础。明朝开创之初，国家刚从内乱中平静下来，经济贫困，物资匮乏。朱元璋提倡节俭。谕曰："天下始定，民财力俱困，要在休养安息，惟廉者能约己而利人，勉之"（《明史·太祖本纪》）。同时，元朝残余势力还在，国家还要用大量的物资支持征虏大将军徐达和各地的平叛。明洪武十年，朝廷才开始对皇宫进行改造，洪武二十六年定营造修理之制。据《明令典》记载，"凡宫殿门舍墙垣，如奉旨成造及修理者，必先委官督匠，度量材料，然后兴工"。国家的建设活动有限，管理严格，也反映出当时经济薄弱。

可以看出木结构的变革在洪武年间没有物资条件支撑，并未进行。

朱元璋死后，太孙朱允炆继位，年号建文。建文初年因削藩引起燕王朱棣反叛，国家陷入了四年的内战，建设活动更少，没有能力进行这种变革。

（2）木结构体系变革，依赖帝王的支持和雄厚经济实力

朱棣夺取帝位，年号永乐。永乐初年，朱棣采取休养生息的政策发展经济。到了永乐九年，国家稳定，粮食年年丰收，四海安宁，八方朝贡，经济实力大增。雄才大略的永乐皇帝谋略迁都北平，为防止朝臣们反对和当时各种政治需要，决定先派遣隆平侯张信、工部侍郎郭琎、驸马都尉沐昕，率三十万军民工匠前往武当山，营建皇家庙观，进行一次空前的大练兵。

工匠主要来自江南五省，工程指挥驸马都尉沐昕、工程技术负责人郭琎、后勤总负责金纯等都是安徽人。因此，江南地区许多优秀的工程做法和成功的经验，融入在营造工程中。紫霄大殿正是这种结合的例证。既体现了皇家需要，又融进了江南优秀的建筑法则，使中国木结构建筑由此产生了质的飞跃。

特别是工程总指挥永乐皇帝，锐意改革，不但审批了武当山工程上报的图纸，而且对工程重大环节多次下达圣旨（见敕建大岳太和山志）。武当山工程因此少了许多顾忌，而融合更多的先进理念。紫霄大殿就是这种变革的产物！

要论证这个问题，必须先弄清楚紫霄大殿的建筑年代。

据元·刘道明《武当福地总真集》"紫霄者玄天之别名也……，神仙练性修心之所，国家祈福之庭。宋宣和中创。其敕额文据，甲午劫火，主者挈之南游。庚申之前，迁州于此，人民皆卜居悉。继后，宣慰孙嗣举众内附，十五六年，窅无人迹。至元乙亥，山门重开，正殿仅存，犹可瞻仰。岁在丁丑，道士

李守冲群荆于前，戊寅岁中，契丹女官肖守通，建殿于后，行缘受供，一如五龙"。这是最早记载紫霄大殿的文献资料，这个资料中含有三种信息。

一是紫霄大殿建于北宋宣和年间（1119～1125年），创建的原因是，这一年皇帝赵佶做了个梦，梦见火神出游，道士建议请水神镇克，便在武当山建了这座真武庙。但文中记载的宣和年间，没有甲午年号。宋徽宗在位的甲午年为政和四年（1114年），距宣和相差6年，政和与宣和，仅一字之差。可以推断，文献中宣和可能为政和。因为宋徽宗是一个非常崇信道教的皇帝，且十分喜欢建庙，不可能等到6年后再去填补精神上的需要；同时，由于封建社会信息传递曲折，很容易造成一字之误。当然这只是一种推测，与本文要论证的问题关系不大。

二是紫霄大殿修建后，历经南宋战乱，唯大殿没有遭到破坏。元代"至元乙亥，山门重开，正殿仅存，犹可瞻仰"。元代历史上有两个至元年号，一个是元世祖忽必烈，另一个是惠宗妥懽帖睦尔。只有元世祖至元年号中有乙亥年即至元十二年（1275年）。也就是说，元代初年紫霄大殿保存完好。

三是丁丑年（1337年）道士李守冲开始复兴，第二年（即戊寅年）契丹女道士肖守通"建殿如后"，这座殿是否紫霄殿？从至元十二年山门重开到戊寅年，仅63年，以坤道肖守通一人的力量是不可能修建一座大的殿堂。她修的殿是大殿后面的小配殿，即现在父母殿前身。

可以推断元代末年，大殿依然完好。再来分析大殿在明代的情况。

据明·任自垣《敕建大岳太和山志》："太玄紫霄宫……永乐十年，国朝大兴敕建玄帝大殿"。任自垣是永乐年间道录司右玄仪，曾参与修编《永乐大典》，永乐十一年为武当山玉虚宫提点，统领全山教务。任自垣记载的是敕建的年代公元1412年（永乐十年）。这个敕建应该是重建。明·凌云翼《大岳太和山志》："宫在展旗峰下，敕紫霄元圣宫，今名香火殿……。永乐十一年落成，赐太玄紫霄为额。"凌云翼是嘉靖二十六年进士，授南京工部主事，后升任南京兵部尚书，山志成书于隆庆六年（1572年），他再次肯定了大殿为永乐皇帝敕建，永乐十一年落成。

据民国熊宾《续修太和山全志》："紫霄宫在展旗峰下……，永乐十一年落成，赐大元紫霄，安道士廪食者五十人，提点三员，皆正六品"。熊宾是民国年间襄阳道道尹，他也认为大殿为明永乐十一年重建。

要弄清楚现存紫霄大殿是北宋末年始建，还是明永乐十年重建，让我们再来分析现场实测资料。

根据1989年实测资料分析，大殿平面呈长方形，为2993×2204厘米，这一点与北宋殿基近似正方形不同。如福州北宋华林寺大殿为1587×1468厘米，广东肇庆北宋梅庵大殿为1116×905厘米，浙江宁波北宋保国寺大殿为1177×1324厘米，太原晋祠圣母殿为2669×2108厘米，以及河南登封少林寺初祖庵大殿为1096×1052厘米等看，建筑平面基本呈方形，可以初步判断现存大殿基础是建于明永乐年间而不是北宋时期，当然不排除在北宋基础上改建。

还有，宋代官式建筑大木结构、梁架纵向连接合理，稳定性较好，但横向主要依靠斗栱和叠架联结，结构不科学，稳定性不好。为弥补这一缺点，采取将柱子向中间倾斜，并将角柱增高斜放的办法，以求

梁架稳定,形成侧角和升起。也就是说宋代建筑最主要的特征是大木构件中柱子都有侧角,角柱有升起,这一特征源于老祖先对木结构还处在一个探索期,为了构架力学上的稳定,所有木构均向中心部位靠拢。而紫霄大殿木构中均未发现侧脚与升起。大木构件的稳定主要依靠纵横两个方向的额枋、垫板及跨空枋等组合成的井字状框架结构。这些现象也说明大殿建于明代初期,而不是北宋。

另外,大殿檐柱高5.28米,而宋代建筑檐柱多在4米左右,如梅庵大殿檐柱高2.70米,保国寺大殿檐柱高4.22米,晋祠圣母殿檐柱高3.86米,少林寺初祖庵檐柱高3.61米。同时宋式柱头均有"卷杀"称为梭柱,紫霄大殿没有梭柱。因此可以推断大木构件不是北宋时期遗物。

紫霄大殿斗栱繁多,其种类有平身科溜金斗栱、柱头科斗栱、角科斗栱和内槽斗栱及隔架科斗栱等。这些斗栱与宋式斗栱最大的区别是斗栱与屋架之间的比例。大殿下檐为五踩,斗口11厘米,总高度104厘米,是檐柱528厘米的1/5;上檐七踩斗栱总高度122厘米,是檐柱的1/4.3。而宋式斗栱因力学原因,非常硕大,斗栱占檐柱的1/2至1/3。

同时,唐宋建筑补间一般没有斗栱或斗栱较少,主要依靠柱头辅作。紫霄殿则不同,平身科斗栱不但很多,很整齐,而且柱头科交角的梁头越过斗栱层,直接承托檐檩,这些均是宋式建筑中所未见。可以说斗栱也不是北宋时期的建筑构件。

综上,我们可以肯定的说紫霄大殿无论从平面布局、木结构框架、斗栱做法等均不是北宋时期的遗物,而是明永乐十年(1412年)重新建造的。根据脊枋题记"大明永乐拾贰年圣主御驾敕建",该殿落成于公元1414年,用了三年时间建成。

2. 明代宫殿建筑的标本

武当山从明永乐年间被皇帝列为皇家庙观,敕为"大岳太和山"。明朝历代皇帝登基都要派钦差到武当山朝拜,给予许多特权,免除各种税务,驻军保护庙观山林,划拨大量农田,拨流徒犯人耕种,以租赋供养道士,钦命道官提点各宫观,皇室还直接委派太监提督总管全山的事务,并组成专门的维修班子,长年对全山庙观进行维修保护,差役军民当差洒扫宫观。同时,皇家还制定了专门的法律,对道士进行管理和考核,道士主要的任务是按皇家要求,每逢重大节日进行斋醮,祈求皇权巩固。为防止火灾,大殿除了重大节日进行宗教活动外,只供观瞻,道人也不许在殿内住宿,住在远处另辟的道房。可以说,明代二百多年间紫霄大殿保存完好。

清兵入关,武当山作为皇家庙观的政治地位不复存。但清统治者对武当山道教十分宽容,武当山宗教活动一如从前,真武崇拜深入民间,几百年宗教信仰形成的宗教团体,年复一年地携带着各种财富来朝山敬香,给武当山的经济注入了相当的活力。另外,明代敕予的田庄、店铺仍由庙观管理,经二百余年发展,已形成了一个厚实巩固的庙观经济。这些都确保了武当山庙观的维修保护能够维持明代的水平,也就是说紫霄大殿在清代依然得到了较好的保护。

民国期间，世道纷乱，武当山古建筑群受到很大破坏，但由于紫霄宫位于武当山中心的特殊位置，长年由年高德望重的道总住持，虽有多次风险，最终幸免于难。

在中国多灾多难的封建社会，紫霄殿能完好的保存，不仅是一个特殊，也是一种偶然。可以说，紫霄大殿是明永乐年间官式宫殿建筑非常难得的珍贵标本。

3. 木结构营造技术的奇范

古代工匠很早就认识到建筑与数学之间的和谐关系，用数学的方法来理解、观察和解决建筑学上的问题，如比例、适度、对称与和谐等。只不过现代流行的数学观念，当时是以"模数"的形式出现。

（1）紫霄大殿作为木结构转型期的标志性建筑是中国古代木结构设计两种模数结合使用的范例

唐宋建筑的设计模数是"材分"制度。在《营造法式》中规定，以单栱或素枋用料的断面尺寸为一材，材分八等，从九寸到四寸，高宽比例为3：2；材高又分十五等份，每等份为一分；材与分之间又一个模数契，这样就组成了一个较灵活的模数系列。由于材分制使用的模数单位量较小，在测算木结构时十分不便，一定有一种更为方便的设计模数在唐宋之际流传，但在《营造法式》中并未列出。古建筑专家陈明达在《营造法式大木作制度研究》中发现，官式建筑中平槫（老檐柱）高是檐柱高的2倍，提出以柱高为扩大模数的观点，后经傅熹年先生深入研究，并总结出一套完整的以檐柱高为设计模数的大木结构设计体系。傅先生认为，中国古代建筑至迟在6世纪中期已广泛使用以檐柱高为大木结构的权衡尺寸，从平面的柱网布局、面阔与进深、屋架的通高等都是用檐柱高为设计模数标准。这种模数标准不仅十分方便，而且非常科学。这种方法在紫霄大殿建造中被熟练应用。

先看紫霄宫大殿的高度，大殿檐柱（下檐柱）高528厘米（即模数标准），老檐柱（上层檐柱）高1034厘米，1034 ÷ 528 = 1.96，老檐柱约为檐柱的2倍；屋架从十一架梁到脊檩高527厘米，约为檐柱等高，也就是说整个屋架的高度为三个檐柱高加上檐斗栱高。

再分析大殿面阔，东西檐柱之间长2627厘米，2627 ÷ 528 = 4.98，约为檐柱高的5倍；东西老檐柱之间长2115厘米，2115 ÷ 528 = 4，即檐柱4倍，可以看出大殿面阔是以檐柱高为模数标准确定的。

再看大殿进深，从南边檐柱到北边檐柱长1838厘米，1838 ÷ 528 = 3.48，即柱网进深约为檐柱的3.5倍。南北檐柱长1326厘米，1326 ÷ 528 = 2.5，即为檐柱高的2.5倍。檐柱与老檐柱之间为256厘米，即为檐柱高的一半。同样也是以檐柱高为模数标准确定的。

由此，我们可以认定大殿木构架面阔、进深及总高度都是以檐柱高这个模数标准来设计的。

清代以斗口为设计模数单位，即平身科坐斗正立面槽口的宽度，为尺度计量标准。建筑物大小开间、梁柱高低等都用斗口来计算。这个模数标准是由宋代材分制的材厚过渡来的。但宋式材的高宽比例为3：2，即有两个约定模数，计算不便且不科学，特别不适应南方的大木作。如果单一以斗口作为一个约定模数标准，计算起来则非常方便。紫霄大殿正是这种设计方法的先驱。

紫霄大殿檩、枋、梁用材及斗栱等均以斗口为模数标准。

大殿下檐平身科坐斗槽口为11厘米，即斗口11厘米。我们先看柱径，檐柱54厘米，54÷11＝4.9，约5斗口；老檐柱64厘米，64÷11＝5.8，约6斗口；金柱76厘米，76÷11＝6.9，约7斗口；童柱径约为43厘米，约为4斗口。再看檩子挑檐檩32厘米，约为3斗口；正心檩、金檩、扶脊木分别为34厘米，约3斗口；脊檩40厘米，约3.6斗口。再看枋材，上檐平板枋高22厘米，2斗口；大额枋高74厘米，约7斗口；小额枋高50厘米，4.5斗口；下檐平板枋高22厘米，2斗口；大额枋高58厘米，约5.2斗口，小额枋高46厘米，约4斗口。按这个栱数换算的结果，有不少与清代相同，如檐柱径6斗口，挑檐檩径3斗口，大额枋高6.6斗口等。

大殿三架梁、五架梁高均为46厘米，约4斗口。十一架梁高50厘米，约4.5斗口。

大殿斗栱各部的比例关系，也是以斗口为模数标准。斗栱出挑均按3斗口，栱高2斗口。

同样，大殿明间面阔也是按斗口的模数设计。清式规定，殿堂建筑攒档按11斗口确定，平身科斗栱要求双数加上2个半柱斗科，共七攒斗栱，即用这个模数标准设计。大殿明间639厘米，11斗口即121厘米，639÷121＝6.9，这一数字刚好为七攒。

综上，可以看出大殿是以斗口为模数标准对各细部进行设计的。这一模数标准对清代建筑产生重要影响，并形成定式。

同时，我们还发现明代梁枋用材并未照套宋代用材的模数，特别是高宽比例为3∶2的断面标准。一是这个模数标准消耗木材太多，特别是在大材难寻的情况下，遇有大梁、大枋则有不少困难；二是这个标准在结构力学上并不十分科学，特别是枋材，例如大小额枋、檩下枋、随梁枋等在木结构中主要是抗剪，没有必要做得太肥。根据紫霄大殿枋材高宽比例，可以看出两种用材的优劣，如上檐大额枋高75、宽28厘米，高宽比2.7∶1；上檐小额枋高50、宽28厘米，高宽比1.8∶1；下檐额枋高58、宽26厘米，高宽比2.2∶1。这些枋材高宽比例在1.8∶1～2.7∶1之间，如果按宋式3∶2，则用材将大大增加，特别是上檐大额枋，按3∶2则需用75×50的木材，几乎是目前用材的2倍。因此枋材高宽比的扩大不仅节省材料，而且减轻了自身重量，十分科学。

（2）木结构的框架体系反映出16世纪初中国杰出的木结构科学技术

明代以前，中国木结构建筑梁架只注重纵向连接，横向连接紧靠额枋和斗栱叠架，结构不合理，稳定性很差，为防止歪闪，唐宋时期的建筑主要采取柱侧角和角柱升起的办法。宋《营造法式》卷五"凡立柱，并令柱首微收向内，柱脚微出向外，谓之侧角"，"每层正面随柱之长，每一尺即侧角一分（1/100）进深南北相向每长一尺，侧角八厘（0.8/100），至角柱，其旨相向，各依本法"。关于升起，在《营造法式》中规定"以二寸为等差值，从三间角柱升起二寸，至十三间升起一尺二寸递增"，"若十三间殿则角柱与平柱升高一尺二寸，十一间升高一尺，九间升高一尺一寸，七间升高六寸，五间升高四寸，三间升高二寸"。

维修工程与科研报告

角柱升起与立柱侧角，历来存在两说。其一为调整视觉；其二为增加内聚力，有利梁架稳定。角柱升起形成檐口反翘曲线，确实有利于房屋的外形美观。紫霄大殿舍弃这种做法，而是采用枕头木依次抬升椽飞，使屋面檐口形成优美的曲线。这种做法较原来做法更为方便灵活，得到更大的发挥。关于构架的整体性，宋式建筑柱与柱之间主要靠阑额联系，整体性差。为了克服这个弱点，要求所有柱子向中心方向倾斜，但这种采用立柱侧角的做法却使屋面静荷载产生的水平分力，导致立柱下部外闪、上部向室内挤压，联系立柱的阑额与柱子的节点采用的多是直榫，因而节点非常容易脱榫和变形，从而影响大木构件的整体稳定性。

另外角柱升起又使立柱不能处在同一水平上，不但使屋面形成曲状，而且连接角梁的阑额也因此形成斜面，斜面上的铺作层（斗栱）也全部向内挤压，增加了静荷载下的水平分力；同时，角柱升起和立柱侧角在施工中也非常麻烦，除了柱子高度不一、柱头与柱脚平面尺度不一外，阑额上的铺作层要依次按各柱升起值垫高，并使斗栱各件榫卯咬合变得扭曲。

朱元璋对元朝制度全盘否定，提出恢复唐宋制度，但具体到营造建筑，主观上仿唐宋，客观上行不通。除了前面分析到唐宋建筑存在的一些问题外，还有地域、气候、观念等其他原因，特别是明初主持工部的官员基本上是江浙一带人士，南方诸多先进的营造方式和理念已深入到建筑行业。加上定都南京，气候特征又使建筑更加南方化，其规制做法都与唐、宋、辽、金以来的北方建筑体系有很大的不同。官式建筑的模数由宋式的"材分"制变为"斗口"制，不仅模数值发生了变化，而且模数进位为整数，便于计算，同时材料等级也较宋元有大幅度降低。斗栱用材减小后，唐宋以明栿结合维护构件稳定的铺作层，蜕变为柱、梁间的垫层，构架的稳定由柱头间的阑额和梁枋所构成的井字格形的框架体系取代，使梁、柱组合的大木构架更加稳定。

由于木构建筑耗材巨大，建筑形式与木材供给之间矛盾突出。紫霄大殿用材剖面高宽比多为2∶1左右，反映了明代形成一些新举措，建筑在梁枋的断面比例上，进行了大胆革新，针对木材物理特性和抗剪的力学原理，将宋代梁枋断面高宽比3∶2改变为2∶1，甚至2∶0.8，不仅大大的节省了木材，而且减轻了构件的自重。对于耗材最多的斗栱，虽然作为建筑等级的象征被保留下来，但也进行了改革，由宋代柱高的一半或1/3，缩小到1/5。逐渐演变为身份等级的象征，并在额枋上增加了斗栱，即平身科斗栱增多，使建筑更加华丽，而柱头科斗栱与梁的节点逐渐取消，梁头直接放置在柱上或插入柱内，梁柱节点更加合理，梁外端伸出斗栱外，做成耍头承托挑檐檩，使梁檩的节点更科学。宋代深远的出檐造成采光差以及空间狭窄，明初则利用增加"廊步"的形式，将室内外两个空间衔接起来。柱径与柱高之比也由原来1∶8变为1∶10，建筑结构更加轻盈合理。建筑标准化、格式化程度进一步提高，并转向程式化。

由梁、檩、铺作组成的一个相对稳定的木结构体系，并使用托脚和叉手进行固定和拉结，从汉唐一直使用到元代，到了明代由于大木结构的框架体系的形成，叉手和托脚原有的结构作用废弃而被淘汰。为了使檩条与梁架更稳定，明代在梁头割出檩椀或檩槽，其稳定性大大胜于原来的襻间斗栱。特别是用

脊瓜柱取代原来的替木，使屋脊的举高更加自由，建筑的外形更加雄伟壮观。宋代的侧角和升起也因明代木结构的框架体系的成熟而退出历史的舞台，高层建筑的施工也因此而变得更加简便。唐宋时期建筑的室内空间，其大小受制于木材长度对屋面瓦坡的抗剪性能，加上受侧角和升起的影响，因此室内的柱网平面、柱与柱之间大多为3~4米。明代建筑由于框架特征而整体受力，建筑开间较唐宋建筑大得多，紫霄大殿明间檐柱高超过5米，进深超过5米，金柱高超过10米。

一般学术界认为明代建筑已取消复杂的内槽斗栱，上下梁之间也不用驼峰和斗栱，而改用童柱支撑，柱脚用角背固定。这一做法形成于何时意见不一。紫霄大殿完整地保留有内槽斗栱，而上下梁之间却使用童柱。这说明，明代早期在梁架结构上，以童柱取代驼峰和斗栱以支撑上下梁。为了华美却又保留了内槽斗栱。不同的是内槽斗栱在做法上使用的是明代模数标准。

另外大殿对檩条的固定采用梁头割槽而不使用斗栱托护，檩下设垫板和随檩枋（即檩三件）使梁架之间横向抗剪性能更好，也因此扩大了柱网之间的距离，使单间的空间范围更大。檩三件的做法，在清代已成为官式建筑的定制。

考古发现，春秋战国时期木构件组合多为简单的叠加，汉唐时期侧重咬合，因此早期斗栱做的粗大，以适应出跳支撑的荷载。宋抬梁木结构体系的力学关系是由柱托梁、梁托檩、檩托椽、椽托屋顶来完成。这种大的结构一直牢固的传承，随着时代变化，其搭接点发生变化，并越来越科学合理，至明代早期完全成熟。大殿作为受力骨架的梁柱枋木构架，用榫卯结构形成连接。处于同一高度的梁柱一般采用直榫形式，柱梁连接采用透榫，并加有插销，多梁与柱连接，采用半榫。特别是在横竖材丁字结合的部位，普遍采用"燕尾榫"，这种榫卯结构不单作为面与面的咬合，更重要的是作为三角形的燕尾对节点的左右移动有很强的控制力，这一点对于以结构自重为主的竖向载荷传递方式的大木结构形成框架，起到了至关重要的作用。

大殿柱式利用木材自然形态，取消宋以来的梭柱（即柱上部1/3处开始卷刹，一直到顶部与栌斗结合处，使柱子与栌斗结合显得自然合体），同时在柱子上增加了平板枋来承托斗栱，力学上更加合理。

大殿隔扇门为五抹头，高宽比为3.4∶1，较宋式窄，由于抹头多，悬挑加强，更结实，开启方便。山墙采用城砖砌筑，特别是下碱采用磨砖对缝，质量精良，较唐宋时期土坯砖有了质的飞跃。

屋面收山，从老檐柱以内收一攒斗栱，121厘米，约为檐檩檩径3倍，不同于清式收山为一檩径。这种收山使屋面山面瓦坡有一定面积和体量，看上去四坡屋面和谐适度，而不象清代山面屋面狭小，有两边小中间大的感觉；同时，山面瓦坡向内收，使作为支点的檐檩，屋面部分大于出檐，结构更加合理。

屋顶由于大木构件脊瓜柱的出现，屋顶更加陡峭，同时增加了扶脊木取代原来的升起，脊部的稳定使屋顶脊饰和艺术构件得以自由发挥。

大殿正脊六条镂空蟠龙，大吻雄峙，宝瓶高举，上檐翼角腾龙，下檐翼角翔凤，轻盈美观，极具审美价值。

4.官式建筑承前启后的典范

将一座建筑奉为典范，只有在它具有了普遍价值，并对以后的建筑产生广泛的影响，才能对建筑学产生冲击，发挥承前启后的桥梁作用。紫霄宫就是这样的一座桥梁。

（1）紫霄宫等古建筑群的兴建是北京皇宫兴建的先导

武当山宫观建筑的兴建，是明成祖朱棣用武力夺取皇位后，大修文治的产物，除了宣扬天人合一、皇权神授、比附自己是真武转世的政治舆论外，朱棣还有一个重要的目的，那就是为日后大修北京、迁都北京作物质技术上的准备。南修武当，北修故宫，也就是说南修武当是北修故宫前的大练兵。

从永乐十年至永乐十六年，武当山的八宫九观基本落成，主体工程告一段落，但其工匠仍留在武当山从事宫观配套建设，并等候调令。二年后，永乐皇帝迁都北平，改北平为北京。武当山施工主力全部调至北京，开始大规模营建北京皇宫。因此，紫霄大殿等官式建筑所体现的工程技术，亦由匠人带到北京，对营建北京产生巨大的影响。明初紫禁城建筑无论从平面布局、结构设计及装修上都与武当山建筑一脉相承。

（2）对官式建筑产生的重大影响

除了对北京皇宫产生影响外，紫霄大殿等明初建筑对全国的官式建筑也产生重大的影响。从永乐皇帝敕封武当山为大岳，建立"祖宗创业栖神"的皇家庙观后，明代所有皇帝登基和重大节令都派遣钦差前往武当山祭祀。"上行下效"，达官贵人更是热情高涨的朝山敬香。紫霄大殿等建筑群与自然合为一体，而别具韵律的艺术感染力，对官僚阶层产生了极大的震动。"紫霄宫阙倚云端，片片明霞近可餐。"（明·吴楷《登紫霄宫》）"峭壁中天翠展旗，琼台叠垒紫虹霓。金光殿阁明霞灿，瑞气峰峦逴汉移。"（明·汪大受《紫霄宫》）"紫盖重重列上台，根盘百里势萦回。丹崖翠壑参差见，琳馆珠宫次第开。"（明·驸马都尉沐昕《大岳太和山八景·紫霄层峦》）"珠宫隐半壁，贝阙飞霞端。"（明·提学副使许宗鲁《紫霄仙歌》）"历历是明殿，微微月转廊。坐观玄境秀，顿使世情忘。"（明·副使龚秉德《宿紫霄宫躬阅醮事漫成八韵》）这些官僚阶层在游历武当山后，对武当山"五里一庵十里宫，丹墙翠瓦望玲珑"的雄浑而充满诗意的建筑群产生的艺术感受，必然促使他们在自己管辖范围营建建筑时，有意无意参照武当山的建筑，这种影响是潜移默化的，也是持久的。

（3）伴随真武信仰普及对全国产生影响

武当山是真武神的洞天福地，真武原名玄武，在秦汉之际是个方位神，"东青龙，南朱雀，西白虎，北玄武"。到宋元时真武成为道教的护法神"翊圣将军"。明初由朱棣推崇而成为一个至高无上仅次于玉皇大帝的道教大神——北极玄天上帝真武之神。朱棣兴建武当山并将其纳为"皇家庙观"，同时还打出了"为天下苍生祈福"的金字招牌，号召全国民众来朝山，提倡"许那各处好善肯做福的人都来修理"武当山。

武当山道教因皇家特许，也纷纷派遣道士往全国各地传道，真武信仰迅速由武当山向全国扩散。真

武神成为老百姓祈求"福、寿、康、宁"的民间大神。崇奉真武，大建玄帝庙的风气席卷全国。

据明·沈榜《宛署杂记》记载，明代北京城内即有真武庙二十余处，而湖北则有一百余处。全国各地真武庙总数约有一千余处，而各地以武当、金顶命名建筑也多不胜数。如南武当、北武当、中武当、小武当、赛武当等。明刘效祖称真武"普天之下，率土之滨，莫不建庙祀之。"清·王概《大岳太和山纪略》:"览九城三名山奉真武者十之七八，净乐太子之家祠而户视之"。同样各地的真武庙在总体布局、建筑形制上大都模仿武当山。因此可以说，因真武崇拜，紫霄殿等古建筑群对全国的宫观建筑产生了非常普遍的影响。

我们认为，明永乐中期紫霄殿等建筑是中国古代木结构体系的巅峰杰作，不仅肯定了明代木结构建筑的框架体系对于唐宋建筑的革新和巨大进步；同时含有对清代官式建筑的批评，特别是清代官式建筑在用材上追求宋式用材，截面高宽比为3∶2，甚至达到了4∶3，这是一种历史的倒退。这种做法不但增加了木材的消耗，加大建筑自重，也给施工带来了困难，而且有悖科学原理。我国古代梁架等承重木构件多采用冷杉、红松、油杉、云杉、落叶松等，材质非常好，径向顺纹受剪强度为54kg/cm² ~ 85kg/cm²，远远超出承受的屋面荷载。紫霄殿梁枋截面尺寸保持在2∶1左右，是非常科学的，不但满足力学上的要求，而且梁枋底部能满足绘制彩绘的需要，既美观又大方。

清代收山，以一檩径为模数，使歇山建筑优美的屋面形象受到极大的损害，也改变了山面瓦坡受力情况，致使山面木结构因出檐大，屋面经常出问题。

另外，清代后期斗栱因力学功能丧失，变得细小繁琐，成为一种建筑等级的点缀，这种变化不仅影响视觉效果，而且也不科学；特别是斗栱因出跳多而变得细小后，非常难看，也给施工带来很多麻烦。

紫霄大殿作为中国古代木结构体系的巅峰杰作，其营造法式所蕴含信息非常丰富，本文研究只是一个开头，其深入研究有待后续专家真知灼见。

（4）紫霄大殿营造做法研究

根据设计图分析，可以看出紫霄大殿面阔、进深及总高度的总体框架都是以檐柱高这个模数标准来设计的（见图）。

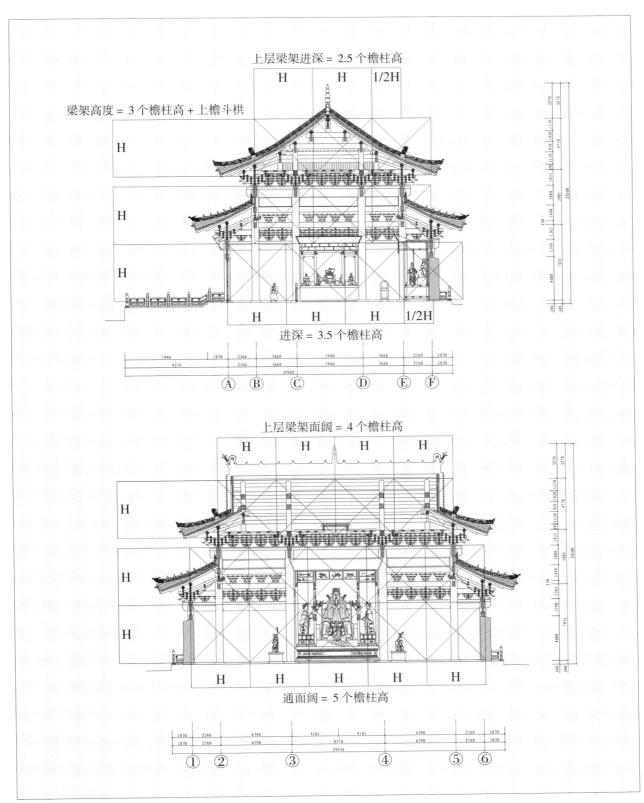

紫霄大殿营造做法研究

二、木构建筑防治虫害的新技术
——紫霄大殿利用昆虫嗅觉长效熏杀和驱赶白蚁等害虫的科研报告

1. 概况

紫霄宫位于湖北武当山展旗峰下，始建于北宋宣和年间，明永乐十一年（1413年）重建。1982年由国务院公布为第二批全国重点文物保护单位，1994年紫霄殿作为武当山古建筑群的重要组成部分被联合国教科文组织列为世界文化遗产。

1991年湖北省政府集资150万元对紫霄大殿进行全面维修。经过四年努力，维修工程全面竣工，1996年经国家文物局专家组审定工程质量优良，并推荐评为优质工程。

紫霄大殿是我省最大的木构件建筑，维修工作中，我们侧重对木结构的防虫、防腐工作做了深入的研究，并取得了较好的效果。在此之前，这种办法亦对复真观、南岩宫等古建筑进行防护，防虫防腐效果明显。

2. 木构件中的主要虫害

中国传统建筑是以木结构为主要特征的建筑，木材防虫防腐是古建筑保护的长期研究课题，也就是说木材虫害一直是传统建筑损坏的主要原因。《吕氏春秋·慎小篇》："巨防容蝼而漂邑杀人"；《韩非子·喻老》："千丈之堤，以蝼蚁之穴溃；百尺之室，以突隙之烟焚。"以上所见主要是白蚁对木构建筑和堤坝的破坏。针对这些情况古人也采取了一些办法，《周礼·秋官》："赤龙氏掌除堵屋，以蜃灰攻之。以灰洒毒之。"用石灰清除虫害。其原理是利用干石灰在空气中吸湿氧化而释放出大量的化学气体驱杀和触杀害虫。这一办法虽然会因石灰完全氧化而失去功效，却因取材方便或无其他更好方法来代替，几千年来一直为人们所使用。明代末年方以智《物理小识》："青枙子实晒黄能消白蚁"，才开始使用药物驱杀。

大殿木结构糟朽除了白蚁以外，还有其他一些原因，是一个比较复杂的问题。一般来讲，木材的腐朽、虫蛀的发生和发展与木腐菌、昆虫的生物学特性、木结构所处的环境条件以及树种都有密切的关系。具体到古建筑保护来讲，则主要针对木腐菌和有害昆虫的防治。因木腐菌的生长与传播主要依赖潮湿的环境，故改善木结构所处的环境条件，达到干燥通风是当前通行的办法。对昆虫的防治则就困难得多，这也是我们研究的主攻方向。

危害木结构的昆虫主要有两大类。一是白蚁属等翅目 Lsoptera；二是甲虫属鞘翅目 Coleoptera。

白蚁是一种活动隐蔽、群居型的昆虫，通常以木材和含纤维的物品作食物，在我国有近百种之多，主要有：土木栖类的家白蚁、黑翅土白蚁、黄翅大白蚁，散白蚁的黄胸、黄肢、黑胸散白蚁等。

甲虫则主要有家天牛、家茸天牛、粉蠹和长蠹。

除此之外，对大殿木材危害尚有钻木蜂、蝙蝠和鸟类。钻木蜂是寄居在木材内的黄色土蜂，其幼虫在木材内生长发育，以木材中木质素为养料，破坏木材完整性；蝙蝠和鸟类则是其排泄物对木材有间接的腐蚀。

3. 利用昆虫嗅觉采取药物熏杀的新方法

根据昆虫的特点与习性。当前对木材害虫防治办法主要有：触杀、胃毒、内吸等。触杀是直接将药物洒在害虫身上，胃毒是通过食用有毒物质引起中毒，内吸则是将药物附在植物各部、害虫食后中毒死亡。上述办法在处理森林防虫和木材制品加工上效果非常明显，但在古建筑保护中，却因操作困难、使用不便，显得十分不适应。特别是大型木构建筑和多层木构建筑，因跨度大、结构复杂，涂刷一次药剂非常困难，常常是因涂刷不彻底和药效短，害虫产生一定抗药性后，情况更糟。造成了白蚁年年治年年有，甲虫今年治明年来，更不用说蝙蝠和鸟类了。

寻找一种毒性持久、具有抗流失性、不改变木材自身特性、对人兽无害、使用方便和价格低廉的防治药物和方法是我们长期以来追求的目标。经过长期努力和实践。我们发现利用昆虫嗅觉，采用药物长效熏杀，对古建筑的防虫防腐非常有效。并决定在紫霄大殿维修中使用这种新技术。

基本作法：将药剂装在瓶中，瓶盖开梅花状小眼，再将药瓶按一定的密度放在木构隐蔽处，待药物挥发完全后，再换新药。

基本原理：药物通过小眼向空气中慢慢挥发，形成一定范围的药物气味空间，利用昆虫嗅觉特别灵敏的特点，使其逃避，当瓶与瓶之间的药物空间连成一网络时，害虫若不及时逃离这一网络，则会被杀灭。逃出的害虫，在药物挥发期间决不敢返回，使其生物圈缩小，达到限制其生存的目的。特别是白蚁这种群居性的"社会性昆虫"，一旦离开蚁群就很难生存。

4. 新方法的科学原理
（1）掌握昆虫的嗅觉与生活习性

科学研究表明，动物之间的通讯方法，最基本的是化学刺激，即气味标志。动物产生气味腺体，来自排泄物、唾腺与分泌物，而接受气味标志则依靠嗅觉。

植食性昆虫主要通过视觉与嗅觉找到适宜的寄生植物。

风速每秒 100 厘米时，雄蛾对 4.5 公里以外的雌蛾性外激素有反应。根据这一现象，捷克曾用森林重要害虫舞毒蛾的雌蛾来诱集雄蛾，在 28740 亩森林内，每隔 160 米挂一雌蛾匣，其诱到雄蛾 150104 只。美国用甲基丁香酚加二溴磷 3% 涂在纸杯中，每两周换一次，在果林中大量诱杀东方果实蝇的雄蛾，其后雌蛾也入内，使此类虫害减少了 99% 以上（参阅 1982 年科学出版社·王森瑶等《昆虫知识》）。

蠹虫是昆虫中对木材危害最大的害虫之一，这些甲虫开始是被挥发性的酚或酯引诱到松树上来的，

这些物质是由树中酶的活动而产生。甲虫在寄主植物上造成轻度危害，然后产生对激素而引起第二次强烈的引诱作用，使异性在此交配产卵，并开凿隧道，在木材内繁殖，危害木村。前苏联的试验证明，蠹虫在存放了一年没有剥皮的针叶树林中造成的破坏是十分严重的，其中杉木为95％、松木为60％、冷杉为30％。

同样，白蚁除了依靠嗅觉寻找食物外，其繁殖蚁还通过产生的化学气体作定留物质信号。使白蚁形成集聚。

蜂类也是通过嗅觉来确定信号的。早在1821年西欧科学家F·Huber经过实验，证明蜜蜂是由花的气味诱引到花上去的（参阅1988年科学出版社，美·EC·赖斯《天然化学物质与有害生物的防治》）。

蝙蝠依靠嗅觉活动已是一种普通的常识，这里就不详说。那么鸟类呢？鸟常常被误认为不依靠嗅觉生活的动物，其实鸟的嗅觉也十分发达。新西兰有一种以食蠕虫为生的长嘴无翼鸟，这种鸟在夜间寻食，当地面没有蠕虫时，它就把探针似的长尖嘴扎进地面，像鼹鼠一样，根据蠕虫的气味来探索和发现食物（参阅1980年上海科学出版社·J·H·普林斯《动物之夜》）。

动物实验证明，大多数动物靠嗅觉来觉察外激素化合物。从广义上讲，物体多能散发出一些气味，像云雾一样围绕在其四周，形成气味区，无形中增大了该物体本身的实际体积，从而使动物能比触觉接触物体时，更远距离发现它（参阅1988年科学出版社·范志勤《动物行为》）。

（2）驱杀药物

美国杜邦公司90年代新产品"9020"有机磷类复合乳剂、灭蚁灵等，一般农药均有驱杀效果，如敌敌畏、敌百威、二嗅磷、西维因、氯丹和1605等。

（3）根据防治对象的不同嗅觉特征，采用不同药物进行驱杀

对白蚁、甲虫等翅目和鞘翅目害虫，采用"9020"药剂或灭蚁灵稀释液，先将木构涂刷一遍，再用药液拌石膏灰将害虫气孔和通道填死。这一过程对于先期杀灭白蚁非常重要。因为成熟白蚁巢内生存着几百万个体，它们巢内的二氧化碳含量很高。据测定，家白蚁巢中CO_2为0.5～6.5％，最高达10～15％，比天然空气含量0.03％高出几百倍，因此数以百万计的白蚁在巢内生活，需要消耗相当的氧气，为了通风，白蚁便在巢外表钻上无数个针眼大小的气孔来调节巢内空气。将药膏堵死针眼和通道，就是将氧的来源隔断，势必对白蚁造成杀伤。然后将浓度较高的药液装在瓶中，瓶盖开梅花形小眼，使其挥发，每2米放置小瓶一个。

用药的时间应与防治对象的活动规律结台起来。白蚁和甲虫等昆虫对气温有着特殊要求。一般昆虫在摄氏5～15度才开始活动：其生长发育在25～35度，温度上升到38～45度时，进入昏迷状态，超过48～52度，大量死亡。根据这一特点，药物的喷洒时期应安排在每年的开春，也就是昆虫的初动期；药瓶的控置应在昆虫的繁殖期，春夏之交季节。

对于蝙蝠和鸟类，则先采取敌敌畏和百敌畏等熏蒸进行驱赶，然后将敌敌畏稍加稀释装瓶挂在蝙蝠

和鸟类活动的地方。每1米放置一瓶。

根据蝙蝠和鸟类嗅觉的特点，同样是熏蒸在前，挂瓶也在其繁殖期。因为当鸟类由于性腺发育而产生了繁殖的要求时，恰好体内的新陈代谢极为旺盛，神经系统又处于异常兴奋的状态，因而对环境刺激的反映十分敏感，一旦有风吹草动，就会迅速迁徙。

一般来讲装置0.5千克药液的瓶子，开口0.3厘米的三孔或五孔，药液挥发可在半年左右。由于放置药瓶大多在春天或春夏之交，而冬天鸟类活动较少、昆虫冬眠，故药瓶只需一年更换一次。

紫霄大殿主要虫害有白蚁、天牛、粉蠹、蝙蝠、麻雀和黄蜂（钻木蜂）等。特别严重的是白蚁、粉蠹和黄蜂（钻木蜂）。凡靠内槽的木构件，以白蚁为害最重，凡外檐的木构件全部被钻木蜂钻得千疮百孔。

根据以上情况，我们先用"9020"药液对全部木构件进行二次涂刷，重点部位涂刷三次；再将药液与石膏粉拌成药膏，对所有洞眼进行堵塞嵌补。然后按正常的施工程序进行其他项目的施工。全部工程竣工后，我们再将药瓶放置在需要的位置上。

为防止钻木蜂和鸟类，药瓶放置在平板枋与栱眼板之间的空当上，药物向上挥发时既能防止钻木蜂，也能防止鸟类在此筑巢和其他活动。为了防止蝙蝠，我们在其经常出入的洞口处。挂置敌敌畏药瓶，以阻止出入，然后在蝙蝠悬挂的木构下悬挂药瓶。为防治白蚁，拟在柱枋和贴近地面的木构件下部隐蔽处放置药瓶，阻止其通行。

实践证明，紫霄大殿中的虫害经灭杀和挂瓶熏杀及驱赶后，白蚁、黄蜂、天牛、粉蠹基本绝迹。特别是鸟雀刚飞到额枋上，立即显得不安，并迅速飞离，药物熏杀作用非常明显。

5. 新方法的实用性

我们认为，昆虫是自然界生物圈的一个环节，无论其对人类有害与否，要想将其杀灭，是非常困难的。如果仅对其某些行为进行控制，是完全可以做得到的。以白蚁为例，我们为防治白蚁曾投入大量资金，无论挖巢法、土坑诱杀、灯光诱杀和化学药剂毒杀，效果均不理想，而且害虫产生一定的抗药性后，活动更厉害。新办法驱杀的特点，主要是长效、毒性持久、抗流失性、不改变木材自身特点、对人兽无害。同时可以根据害虫危害的程度进行调节和改换药液，使用非常方便。还有使用这种药液范围广、购买方便、价格低廉。

中国传统建筑是以木结构为特征的建筑，木材防腐、防虫是一个亟待解决的问题。不少古建筑正在或即将变成白蚁的美味佳肴，不少著名的古建筑为了防止蝙蝠和鸟类不得不安装铁丝网。如果推广这一新办法，必将能保护更多的古建筑，使古建筑的完整性得到更好的展示。

附 录

一、联合国教科文组织国际古迹遗址理事会专家考察施工现场

紫霄大殿维修期间，正值武当山古建筑群申报世界文化遗产。1994年5月26日，联合国教科文组织国际遗产专家考斯拉先生、苏闵塔迦先生实地考察武当山时，对正在维修的紫霄大殿给予了高度评价，认为是"非常符合传统工艺的古建筑维修"。并将其作为中国文物保护的例证写入其"评估报告"。

二、国家文物局专家组验收报告

1996年5月20日，国家文物局委派由全国政协委员、著名古建筑专家、国家文物局专家组组长罗哲文，国家文物局专家组成员、故宫博物院古建筑专家傅连兴，国家文物局科技进步奖评委、南京博物院副院长奚三彩，国家文物局文物一处晋宏逵、计财处傅清远等组成的专家组前往武当山对紫霄大殿维修工程进行验收。

专家组对竣工后的紫霄大殿进行了实地考察、拍照和记录，并听取了工程技术人员关于《紫霄宫大殿修缮工程竣工技术报告》和对若干技术问题的说明。经过评审会议，与会专家一致同意通过验收，并建议申报文物维修优质工程。

专家组一致认为：紫霄大殿修缮工程在维修过程中，认真贯彻了文物保护维修"不改变文物原状"的原则。按照批准的方案，实施细则施工，达到了预期的维修目的，工程质量良好。维修中采取了防腐、防虫等多项防护措施，做到了传统工艺与新科技手段相结合。并对建筑的"原状"问题进行了深入的研究，尽可能保留了原物构件、彩画等。工程管理严格、财务支出合理、节约。是各级各界通力合作的成果。

1. 专家们在验收会上的发言

傅连兴

紫霄大殿维修工程，从资料上看前期工作十分认真，现场勘查十分详细。设计与施工遵照了《文物保护法》中"不改变文物原状的原则"。其中隔扇门采取了更换完全糟朽的构件和加固局部残损构件的做法是可取的。原有旧瓦集中使用在前檐，思路和做法都是对的。维修工程解除了原有的病害，使大殿能保持健康的状态。工作是认真的，修缮工程质量是满意的。另外，上檐斗栱彩绘颜色有点跳，与下檐彩

绘有点反差，这种反差随着时间的推移可能会好一些。原有的小跑没有安装，从汇报中可以知道，既有质量上的问题也有规制上的问题，希望在总结报告中交代清楚。总的来说，这个工程做得相当不错，我完全同意该工程通过验收，并建议申报文物维修优质工程；同时应抓紧时间出"维修工程修缮报告"。

奚三彩

（1）紫霄大殿维修工程指导思想很正确，强调保持大殿原建筑形式、原建筑结构，施工中强调使用与原材料相一致的建筑材料，用传统方法进行修缮，修得很好。

（2）遵守了国家关于古建筑工程维修的各种规定，注意现场勘测和各种实物材料的收集整理，维修方案很详细，实施细则很好，资料档案工作也做得很好，整体维修是科学的。

（3）木结构工程与化学保护、防虫防腐等综合考虑，并很好的结合。这种方法值得推广。

（4）防虫、防火、防雷、防地震都予以了考虑，防治虫害十分成功，效果很好。

（5）防治虫害采用了武汉白蚁研究所引进的美国杜邦公司9020有机磷类复合乳剂，这种药水很好。现在新建筑也采取了这种药水和类似的驱灭办法，原传统方式防治白蚁所使用的氯丹，因污染环境，早已不用了；大殿在油饰之前进行防火处理，并采用公安部四川省灌县消防研究所与天津化工总厂共同研究的膨胀型丙烯酸乳胶防火漆，在木结构上整体涂刷了这种防火材料，这种做法也是十分科学的。防虫、防火的技术措施都是非常得力的。另外，建议以后防治白蚁还可以采取"防蚁沟"的办法，并在白蚁接触的地面进行喷洒；同时在油饰中添加防光剂，用以防止紫外线对木构件产生的老化作用，使木结构能更好的防预风化。

晋宏逵

（1）紫霄大殿修缮工程设计文件完整，现场勘测符合实际，所进行的方案设计具有针对性，施工实施细则对整个工程做了仔细的分类，这种思路和办法是对的。

（2）修缮过程中注意了对原有构件的保护，最大限度地保护了原有文物。

（3）设计和施工中充分注意使用传统材料，在施工中充分注重对修复对象进行详细分析，维修方法具有针对性。

（4）维修工程达到了预期效果，符合《文物保护法》中关于文物保护单位维修"必须遵守不改变文物原状的原则"。

大殿下檐的匾额是历史上的旧匾，现在油饰成新匾，把历史上的东西去掉了，换成现在新的面貌，这种表达方法有一定的问题，今后应采取新的办法来表达。

傅清远

（1）紫霄大殿维修工程财务管理很合理。由于施工中大量加固并使用原有构件，减少了对新材料的使用，节约了成本。这种做法相应增加了施工复杂程度，人工费也因此增加了，这一减一加维持了工程预算总的平衡，但对维修工程是有好处的。

（2）工程管理费22万占工程总造价的14.7%，是合理的，可以看出，管理也是很严格的，为防止额外支出，是做了很多工作的。另外人工和材料比例为1：2.2，也是合理的。

建议：工程决算应列出一个详细的表格；工程扫尾应更仔细一些，大殿山墙下碱有一些流痕。

罗哲文

紫霄大殿维修工程总的说做的不错，也有特点，是非常成功的。大家推荐该工程评部优质工程，我赞成。这个工程我有以下几点意见：

（1）符合《文物保护法》有关保护规定，并在施工中认真贯彻执行。

（2）按照国家文物局批准的维修工程设计方案和工程施工细则，解决了大殿的安全隐患，维修工程质量良好。

（3）在维修中全面考虑了大殿现存的问题，采取了相应的技术措施，如防虫、防火等。

（4）在使用传统维修办法的同时注意与新技术的结合；特别是利用昆虫嗅觉采取长效熏杀和驱赶防治虫害的方法，实践证明是可行的，效果是非常好的。

（5）对大殿原有的构件、装饰、彩绘精心保护，对大殿修复原状的问题做了充分的研究。但要说明为什么要取消"小跑"、"擎檐柱"这个问题。总之本次修缮工程质量良好。

（6）维修经费开支合理，管理严格。由于大量使用了原有材料，不但保持了文物的真实性，也节约了开支。

（7）建议尽早将"维修工程修缮报告"编辑出版；并积极申报"文物维修优质工程奖"。

2. 国家文物局专家及领导名单

罗哲文　全国政协委员、著名文物专家、国家文物局专家组组长、教授

傅连兴　国家文物局专家组成员、教授

晋宏逵　国家文物局文物一处处长

傅清远　国家文物局计财处处长

奚三彩　国家文物局科技进步奖评委、南京博物院副院长、研究员

鲍　勇　中国文物研究所办公室主任、研究员

3. 专家验收意见

湖北省武当山紫霄宫大殿修缮工程竣工
验 收 意 见

1、紫霄大殿修缮工程在维修过程中认真贯彻了文物保护维修"不改变文物原状"的原则。

2、该工程按照批准的方案、实施细则施工，达到了预期的维修目的，工程质量良好。

3、该工程采取了防腐、防虫等多项防护措施，做到了传统工艺与新科技手段相结合。

4、该工程对"原状"问题进行了深入的研究，尽可能保留了原物构件、原彩画。

5、该工程管理严格，财务支出合理、节约。

6、该工程是各级各界通力协作的成果。

与会专家一致同意该工程通过验收，并建议申报文物维修优质工程。

另外专家指出，武当山古建筑群是世界文化遗产，建议进一步加强对文物及其环境的管理，严格执行武当山总体规划。

国家文物局专家验收组：

一九九六年五月二十日

4.国家文物局对紫霄宫大殿补报维修方案的批复

国 家 文 物 局

关于武当山紫霄宫大殿补报维修方案的批复

(91)文物字第401号

湖北省文化厅：

你厅鄂文文物字(1991)151号文及补报的武当山紫霄宫大殿维修做法说明图收悉，经研究，我局同意补充后的方案。请抓紧组织施工，并保证工程质量。此复。

一九九一年 月 日

省政府专题会议纪要

（8）

关于武当山紫霄宫大殿维修
工作的会议纪要

（一九九〇年十二月十三日）

十一月二十八日，副省长韩南鹏同志召集会议，专题研究了武当山紫霄宫大殿维修工作，现纪要如下：

一、武当山紫霄宫大殿是我省保存最完整的明代宫殿建筑之一，为全国重点文物保护单位，也是重要的宗教活动场所。该项维修工程应严格遵守《文物保护法》规定的"不改变文物原状"的原则，尽可能保护现状，保留历代能工巧匠在保护维修大殿过程中形成的技术和艺术特色，对其结构、用材、工艺等原则上不作大的变动；对损坏的构件，按原时代风格、材料质地、规格式样进行还原。维修后的大殿，在结构上将终止和减缓各种自然力对大殿造成的损坏；在外观上将保持现有的风貌特色，并使之更加庄严整洁、古朴壮观。

二、紫霄大殿的维修设计工作由省文物管理委员会办公室负责。全部技术资料由《武当山紫霄宫大殿勘查报告》、《紫霄宫大殿修缮复原设计图》、《紫霄大殿修缮复原设计方案》及《紫霄大殿维修施工细则》等组成，设计方案和图纸由省文化厅审定并报请国家文物局批准后，作为修缮和验收工作的依据。

三、维修工程以直营为主，原则上采取包工不包料的施工方式，以确保施工质量。

四、该项工程全部经费控制在一百五十万元以内，分别由省文化厅解决六十万元，省民族宗教事务局解决五十万元，丹江口市政府和武当山道教协会自筹四十万元。资金要求在一九九一年到位，设立专帐，专款专用。

五、工程进度。会议以后，各项准备工作立即着手进行，初步计划一九九一年初至七月底采购工程所需材料，一九九一年八月正式开工。工程拟分三个阶段进行：第一阶段实施大木制作工程；第二阶段实施梁架拆换、校正、安装及屋面墙体等维修复原工作；第三阶段实施内外装修。整个工作在两年内完成，力争提前。

为了确保施工安全，在第二、第三阶段施工期间，紫霄宫大殿停止开放。同时，要采取措施，尽量缩短关闭时间。

六、鉴于该工程工期短、时间紧、任务重、技术要求高，为确保工程胜利完成，经省政府同意，成立武当山紫霄宫大殿维修领导小组。组长由韩南鹏同志担任。领导小组成员由下列同志组成：省文化厅副厅长胡美洲、省民族宗教事务局副局长王楚杰、郧阳地委顾问旋敏、丹江口市副市长梁秀荣。领导小组下设办公室，具体负责工程的组织、技术、施工、安全和经费材料管理。办公室主任由省文化厅文物处处长孙启康同志担任，丹江口市文化局、丹江口市宗教局、武当山风景区管理局、武当山道教协会各抽一位同志参加办公室工作。有关工程的技术工作和施工管理由省文物管理委员会办公室工程师祝建华同志负责。

七、会议要求武当山紫霄宫大殿维修领导小组办公室认真组织施工，精心安排，加强管理，节约开支，既要确

— 3 —

保维修质量，又要不突破经费预算。

主题词：文物 保护 会议 纪要

分送：省委书记，副省长，省委秘书长，省政府正、副秘书长。

省文化厅、民族宗教局，郧阳地区行政公署，丹江口市

人民政府。

湖北省人民政府办公厅   一九九〇年十二月十四日印发

共印五〇份

省政府十分重视紫霄大殿的维修。1990年底，召开"紫霄大殿维修工程"专题会议，成立了以韩南鹏副省长任组长的五人领导小组，下设办公室，而后调配文化、宗教等各有关方面人员组成工作组开展工作。

维修办公室副主任祝建华、王光德、朱道琼三位同志，他们以认真负责的态度，科学扎实的作风，带领维修办公室工作人员，按照1991年6月国家文物局批准的维修方案，依据《武当山紫霄宫大殿勘查报告》、《紫霄大殿修缮复原设计方案》和《武当山紫霄宫大殿修缮实施细则》，严格遵守"不改变文物原状"的原则，借鉴国际上文物保护经验和联合国教科文组织，关于要认真保护古建筑上不同时代的修缮技术和方法的精神，开展深入细致、全面扎实的维修工作。

目前，大木制作与装饰、基础与石作、油漆彩绘、砌体与瓦作、防虫与防火等五部分工程临近完工，根据工地实际情况，全部工程可在1994年11月份竣工。维修工程质量获得好评，1994年申报世界文化遗产时，联合国专家察看了大殿维修后评价很高，并将其作为中国保护文物的例证写入其"评估报告"，全国文物专家到工地视察后，认为要列入全国文物维修优质工程奖推广。

紫霄大殿维修工程是在国家文物局支持和指导下，湖北省第一次依靠自己的技术力量完成的大型木构建筑保护工程。它的验收标志着我省的文物保护工作又上了一个新台阶，同时也使我省的古建筑维修保护工作更加规范化，更有利于与国际文物保护法规接轨（见后）。

四、其他

1. 联合国教科文组织世界文化遗产中心专家到武当山考察

应中国教科文委员会和国家文物局邀请，联合国教科文组织世界文化遗产中心 Mr. Romi Khosia（印度）和 Mr. Djachari Sumintardja（印度尼西亚）两位专家于1994年5月26日至27日前往武当山，对我国申请列入《世界遗产名录》的武当山古建筑群进行实地考察。

5月26日，联合国教科文组织两位专家在国家文物局、省文化厅领导和专家的陪同下，实地考察了武当山古建筑群的玄岳门、玉虚宫、磨针井、太子坡、剑河桥、紫霄宫、南岩宫，27日考察了榔梅祠、朝天宫、古神道、天门、太和宫和金殿，同时，还考察了正在维修的紫霄大殿施工现场和武当山文物珍品陈列馆。在考察中，两位专家针对武当山建筑群的实际情况，不断提问，并对我方专家的回答表示非常满意。同时，他们对看到的每个文物点都表示了极大的兴趣，在考察复真观时对巧妙地利用地形山势的建筑特点赞颂道："这里环境幽静，真美，我很想留在这里给联合国写报告。复真观一柱十二梁是个伟大的建筑。"在南岩宫考察时又说："南岩宫石殿、龙头香真了不起，工匠们表现了超人的智慧，这里景观真是一幅最壮美的中国山水画。武当山的风光和古建筑在世界上都是奇特的，我们希望武当山申报成功"。

27 日下午，联合国专家在榔梅祠接受了中央电视台记者的采访。

在实地考察结束后，联合国专家与丹江口市政府领导就考察情况和地方政府对武当山古建筑群的保护规划等问题进行了座谈。

两位专家说："首先，我们对看到的情况十分满意。因为，我们在这里看到各级政府和管理机构对武当山的保护给予了高度的重视；同时，我们也看到每个单体点的建筑保护状况和正在维修的非常符合传统工艺的维修现场。"他们还说："武当山的特点，就是古建筑群十分巧妙地融合在自然风景里。所以，我们会在提建议时考虑把武当山旅游发展有关情况写进去。"

Mr. Khosia（考斯拉）题词：武当山自然是世界上最美的地方之一，因为这里融汇了古代的智慧、历史的建筑和自然美景，对我本人来说，在现代社会，对那些住在城镇的现代氛围中的人来说是非常重要的三个方面。我非常荣幸的，而且很受感动。

Mr. Djachari Sumintardja（苏明塔加）题词：中国的伟大历史依然留存在武当山。受联合国教科文组织国际古迹遗址理事会的派遣，我能到这里来参观中国富有的文化特性，确实对我个人来讲，无论是从体质上还是精神上，都是一次无以伦比的经历。我感谢所有对这次考察提供帮助的丹江口市人民和政府官员，感谢各位。

2. 武当山紫霄宫大殿维修领导小组办公室第一次会议纪要

1991 年 3 月 1 日武当山紫霄宫大殿维修工作领导小组成员、湖北省文化厅副厅长胡美洲，郧阳地委顾问旋敏，丹江口市副市长梁荣秀，在武当山紫霄宫召开维修领导小组办公室第一次会议，参加会议的有湖北省文化厅文物处、省文物管理委员会办公室，郧阳地区文化局，丹江口市文化局、宗教局，武当山风景管理局、武当山道教协会、武当山镇镇政府、武当山文物管理所等单位领导同志。会议就落实省政府《关于武当山紫霄宫大殿维修工作的会议纪要》精神，紫霄宫大殿维修领导小组办公室的组建及做好工程前期准备的各项工作进行了研究，现纪要如下。

（1）与会同志一致认为湖北省政府《关于武当山紫霄宫大殿维修工程的会议纪要》十分重要、非常及时，是指导紫霄宫大殿维修工作的重要文件，是做好维修工作的依据，必须全面落实、贯彻执行。

（2）为了加强工程的组织管理工作，根据精干、实效和有利协调的原则，议定办公室由以下同志组成：

主　任：孙启康　湖北省文化厅文物处处长　主管全面工作

副主任：王荣国　湖北省郧阳行署文化局副局长　协助主任工作分管财务

　　　　祝建华　湖北省文物管理委员会办公室工程师　分管工程技术施工管理

　　　　王光德　湖北省丹江口市政协副主席、武当山道教协会会长　分管行政后勤材料管理

　　　　罗志田　武当山风景管理局副局长　分管各方协调工作

朱道琼　湖北省丹江口市文化局副局长　分管工程组织工作

秦升统　湖北省丹江口市宗教局副局长　分管工程安全

朱玉宝　武当山镇副镇长　分管各方协调工作

由祝建华、朱道琼、王光德等三位副主任常驻维修工地，负责处理各项工程管理具体事宜。

（3）办公室设工程技术、财务管理、材料保管、安全保卫、行政后勤等五组。

工程技术组组长由祝建华兼任，由省考古研究所第三研究室、地区博物馆、武当山文物管理所等单位抽调五至六人组成。

财务管理组组长由朱道琼兼任，由市文化局抽调会计一人，武当山道教协会抽调出纳一人。

材料保管组由武当山道教协会组建。

行政后勤组由武当山道教协会负责组织。

安全保卫组由丹江口市宗教局负责组织。

上列各组人员，可按工程进度需要，由参加维修办公室的有关单位按时抽调、逐步到位。

（4）开工前的准备工作：

① 争取国家文物局尽快批准紫霄大殿维修设计方案。

② 制定紫霄大殿维修施工细则，确定材料采购项目。

③ 根据施工细则，与工程实施步骤，着手第一批材料采购。

④ 进行木材防虫、防腐、防火工程的研究。

⑤ 进行大殿基础沉陷情况及影响因素的勘测研究。

⑥ 施工工程队的选定与组织工作。

⑦ 材料场地木工作坊及工程队驻地准备工作。

⑧ 建立财务管理、材料保管、安全保卫等各项制度。

（5）紫霄大殿维修经费设立专户专账、专人管理、专款专用。已到位的经费应即拨入紫霄大殿维修办公室财务账户，以便及时开展工作。

（6）办公地点设在武当山紫霄宫，从1991年3月10日开始办公，届时工程技术组、财务管理组和行致后勤组有关人员均应按时开展工作。

3. 武当山紫霄大殿维修领导小组办公室规章制度

根据湖北省政府专题会议安排，开展武当山紫霄大殿维修工作。由省、地、市组建了"武当山紫霄大殿维修领导小组办公室"，省政府要求于1991年8月动工，分为三个阶段进行施工，即大木制作，梁架拆换、校正、安装及屋面墙体维修，内外装修等。该工程要求高，技术性强，任务重，施工条件差，困难大。为了圆满完成此项维修工作，做好科学管理，做到有条不紊、提高效率，经研究，制定如下管

理及工作制度。

安全保卫制度

一、工地安全要忠于职守，切实务好本职工作，必须确保施工安全。

二、对施工队全体人员要经常灌输、增强安全意识、严格按操作规程施工。

三、工地的易燃、易爆物品（包括各类杂物）必须按制定地点堆放并由施工队指定专人整理、保管，消除火灾隐患，防止丢失。

四、所有施工人员和管理人员必须服从安全管理，不乱丢烟头。木工场、仓库内严禁吸烟。在古建筑区内不得随意乱拉乱接电线，不准点无罩灯和蜡烛，自备烟缸，禁止烧煤油炉以及使用电壶等。若发现有违犯上述规定者，视情节轻重，罚款 10～50 元。

五、文物区内禁止存放炸药、雷管、汽油、导火线等易燃易爆物品，古建筑需要爆破，须经领导同意，并指定专人隔离保管。

六、坚持安全第一，文明施工，施工中不得随意损坏文物和古建筑，确需移动文物者，必须制定切实可行转移计划，经主管领导同意后方可进行，施工中发现的文物或清理出的古建筑材料，及时交文物部门集中保管，隐瞒不报者按盗窃文物论处。

七、按照有关规定，工程决算先经保卫组按安区保卫条例审核无误后，方可结算。

八、安区保卫人员要经常开展定期检查和重点部位的抽查，发现问题及时处理，每季度以书面形式向办公室汇报安全检查情况。

九、建立安全记录日志，掌握施工队及有关人员的基本情况。

物质仓库管理制度

一、保管人员必须加强学习，热爱本职工作。对各类物质必须分类，定位有数，不得混杂。

二、各类贵重或个件物品要有专用仓库，门窗牢固可靠。

三、进出物品必须登记，严格按"出（入）库单"为凭据，账目清楚，账、物必须相符。

四、无关人员禁入库房，做好防火防盗工作，经常检查防火设施，确保万无一失。

五、保管员必须每天严格检查各个部位，发现隐患及时整改，如发现丢失，被盗要保护好现场，立即向保卫组报告处理。

六、保管人员要坚守岗位，认真负责，严禁脱岗或做无关的事。

七、遵守各项保卫制度，切实做好自查、自防、自救、自控的防范能力。

八、货物入库，保管员要验收，登记入库，发料要严格把关，凭施工员的领料单办理。

九、出库单一式三份，财务、保管、技术组各执一份，大型灰、沙、石等料可根据工程需要一次性出库。

十、保管员除日清月结外，每月做一次报表，每季盘点一次，及时向施工负责人提供数据，以免造成停工待料。

施工队人员管理制度

一、施工队履行合同签字后，按紫霄大殿维修管理制度执行。进入工地三日内将本队人员花名册、照片、身份证交保卫组登记备案，并持有当地政府部门的介绍信，统一办理出入证。

二、为了加强管理，做好施工人员的思想、整治、施工等方面的安全教育，防患于未然。

三、施工队对所属人员经常进行法制教育，严禁赌博、打架斗殴、盗窃、嫖娼等一切违法行为，对触犯法律、所需办案经费，均由施工队负责。

四、施工队按办公室通知，参加有关会议。

五、新来的和调走的人员应及时报告办公室和安区保卫组。

六、经常对驻地及工地进行文物法等宣传，并进行治安、防火自查，保持工地区域内的清洁卫生。

七、施工队负责人是履行合同的法人代表，对人员管理，施工进度、质量、安全等要切实负起责任。

质化量化目标管理责任制

一、严格遵守《文物保护法》规定的"不改变文物原状"的原则，尽可能保持现状。保留历代能工巧匠作品的艺术特色，按原时代风格、材料质地、规格式样进行还原。在结构上终止和减缓各种自然力的损坏，在外观上保持现有的风貌特色，使紫霄大殿更加庄严、牢固、古朴。

二、施工工期和阶段性目标

1991 年 8 月开工，确定施工队进入工地，搭设工棚至 12 月锯解原木，准备部分毛坯料。

1992 年 2 月至 3 月采购材料，组织大规模施工，3 月中旬施工队进入现场。3 月至 9 月完成大木制作，进行大殿基础沉陷的勘测研究并拟定处理办法。农历九月初九以后，即 10 月上旬封闭大殿，屋面维修、木结构维修、基础处理、内外装修等工程。力争 1993 年 3 月底完成维修工作。

三、1993 年 5 月前完成工程扫尾验收，移交手续和工程决定，全部完成维修工作。

四、按第一次会议纪要确定的人员职责，切实做好各项工作。

孙启康主管办公室全面工作。王荣国协助主任工作分管财务。祝建华分管工程技术、施工管理、采购材料并兼工程技术组组长。王光德分管行政后勤，材料管理工作。罗志田、朱玉宝分管各方面协调工作。秦升统分管工程安全保卫工作。朱道琼分管工程组织兼财务组组长。

材料保管组和行政后勤组由武当山道教协会负责组织；安全保卫组由丹江口市宗教局负责组织。各组工作人员，按工程进度需要，由参加维修办公室的有关单位按时抽调，进入工地办公。

后 记

　　首先，感谢国家文物局对本书的资助，使《武当山紫霄大殿维修工程与科研报告》一书能够顺利出版。

　　武当山紫霄大殿维修工程始于1992年，至1995年竣工，前后共四年，在湖北省副省长韩南鹏的指挥下，由湖北省文化厅、郧阳地委和地区文化局、丹江口市文化局、武当山政府、武当山道教协会组成工作组，承担具体的工作。1992～1993年修缮大木结构，1994年修缮装修屋面，1995年防治虫害与油漆彩绘，工程全面竣工。1996年相继完成"修缮工程竣工技术报告"、"修缮工程科技成果"。1996年国家文物局组成专家组对竣工后工程进行了验收，并一致评定为优质工程，推荐申报文物维修工程优质奖。

　　施工期间，正值武当山古建筑群申报世界文化遗产，国际古迹遗址理事会委派Mr. Romi Khosia和Mr. Djachari Sumintardja两位专家前往武当山实地考察，他们对正在维修的工程给予很高的评价，认为是"非常符合传统工艺的古建筑维修"。

　　工程维修期间，我国著名古建筑专家罗哲文、单士元、郑孝燮、刘毅等到工地视察，并提出指导性的建议；联合国教科文组织世界遗产委员会中国委委会副主席郭旃（当时任国家文物局文物处处长），两次到工地视察，并对大殿壁画保护提出了原样保存的建议；国家文物局詹德华、中国文物保护研究所张之平等，也曾到工地视察并提出了很多好的建议。

　　紫霄大殿维修工程受到各级部门的高度重视，并得到他们的大力支持，湖北省文化厅常务副厅长，省文物局局长胡美洲，文物处长孙启康，湖北省民宗委副主任王楚杰，郧阳地委顾问旋敏、文化局局长杞居发、副局长王荣国、博物馆馆长胡魁，丹江口市副市长梁荣秀、江尚水、文化局局长殷美山、宗教局局长秦升统，武当山管理局局长徐洪保、副局长罗志田、武当山镇政府副镇长朱玉宝等同志多次到工地看望和指导，并帮助解决不少困难。

　　湖北省文化厅副厅长，文物局局长沈海宁、副局长黎朝斌对本书出版给予帮助与支持。

　　参加大殿维修工程的主要人员有：祝建华、朱道琼、王光德、李光富、杨国英、刘文国、胡勤、陈毅刚、吕轩、朱华善、徐国君、李明祥、程宝烈、邓龙武、钟道烛、雷金学、王齐军、王有群等同志。

　　参加大殿科研工作的主要人员是武汉理工大学青年教师祝笋博士。

　　《武当山紫霄大殿维修工程与科研报告》的编辑与出版工作，得到文物出版社的大力支持，责任编辑李莉为本书的出版做出了不少贡献。紫霄大殿维修已过去10余年，特在此向所有参加工作的人员表示衷心感谢！

祝　笋　祝建华

二〇〇八年十月十八日

武当山紫霄大殿

维修工程图片

图一　大殿内装修与彩绘

图二 屋面漏雨造成天花板受潮、劈裂，沥粉贴金龙的彩绘剥脱

图三 天花板上彩绘
有蟠龙、暗八仙的图
案，这些图案受屋面漏
雨的影响，褪色、霉变、
部分剥落

图四　大额枋上的彩绘受大气温湿变化和长期日晒的影响，色彩脱落，部分模糊不清

图五　大殿梁枋上的彩绘大略分为三段，两边画旋子彩画，中间枋心画人物故事、山水等图案

图六　梁枋上的花鸟、人物故事彩绘

图七　太子修仙故事彩绘

图八　太子修仙故事彩绘

图九　道教神话故事彩绘

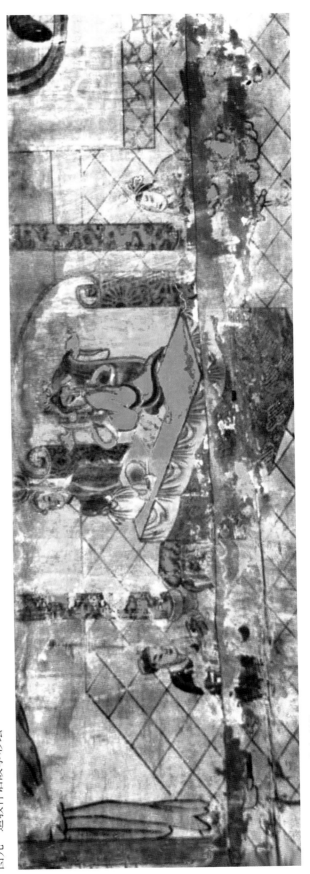

图一〇　道教神话故事彩绘

图一一 八仙降福彩绘

图一二 脊檩中间彩绘太极八卦和暗八仙彩带

图一三　溜金斗栱的耍头和昂后木撑杆上的彩绘褪色

图一四　斗栱和枋子上的彩绘部分剥脱

图一五　大木构架被白蚁和粉蠹蛀空，破损非常严重

降，造成斗栱歪闪滑脱

图一六 东次间下檐大额枋被白蚁蛀空

图一七 大木构件被白蚁蛀蚀后，力学性能下降，造成斗栱歪闪滑脱

图一八　钻木蜂正在木构件上筑巢

图一九　被粉蠹侵蚀过的正心檩

图二○　被白蚁和粉蠹严重侵蚀额枋，全部糟朽

图二一　大檐额枋腐蚀、糟朽，已无法使用

图二二　平板枋、额枋的枋心被白蚁蛀空，部分断裂，破损十分严重

图二三　屋面漏雨，致使跨空枋
枋心腐蚀、糟朽,已无法正常受力

图二四　木构件额枋、梁架糟朽情况

图二五　受屋面漏雨的影响，斗栱受潮，木构件腐蚀、糟朽

图二六　斗栱糟朽，昂嘴断裂，部分构件散失

图二七　大木构架歪闪，造成斗栱扭闪变形

图二八　仔角梁和老角梁严重糟朽，已丧失
力学性能

图二九　下檐仔角梁严重糟朽

图三〇　拽枋糟朽，槽桁椀破损严重

图三一　柱头科斗栱严重糟朽

图三二　五架梁、檩子糟朽，已无法正常受力

图三三　檩子糟朽情况

图三四　大部分檩椽糟朽

图三五　拆卸的斗栱等构件就近码放，便于维修后归位

图三六　北向西次间下檐大额枋是一根"假"额枋，系用四块木板拼合，内部中空，受压变形后，导致上檐木构件向外歪闪

图三七　枋子糟朽、断裂

图三八　额枋严重糟朽

图三九　屋面漏雨，致使望板大面积腐蚀、糟朽

图四〇　东向金瓜柱糟朽，现用短木支顶，以防坍塌

图四一　上檐正中悬"紫霄大殿"牌匾为明代文物

图四二　下檐悬"始判六天"匾额，为清道光七年立，牌匾上的油饰已褪色、剥落

图四三　大殿内供金童、
玉女、水、火将军和关、
赵、马、温天君神像

图四四　大殿正中供奉的玉皇大帝像是武当山最大的玉皇像，玉帝像前供铜铸鎏金真武披发跣足执剑和真武说法像

图四五　玉女、水将军铜铸彩塑神像

图四六　金童、火将军铜铸彩塑神像

图四七　关天君、赵天君铜铸彩塑神像

图四八　马天君、温天君铜铸彩塑神像

图四九　明间脊枋东头书有"大明永乐拾贰年圣主御驾敕建"的题记

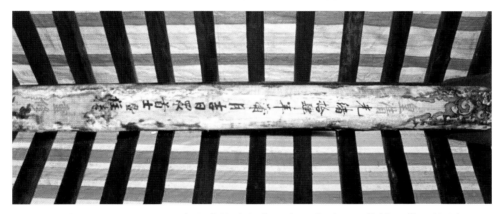

图五〇　脊枋西头书有："皇清光绪拾肆年蒲月吉日众首士既住持重修"的题记

图五一 上瓜柱上留有明永乐年间的红纸 墨书对联

图五二 东次间下金枋题书："大清嘉庆八年采木典至二十五年吉月元（完）工"的记载

图五三 东次间下金枋题有："大清嘉庆八年典工至二十五年元工木匠陈明万子裔仁"的墨书题记

图五四　下檐角梁糟朽严重，现增加擎檐柱支顶；翼角上的琉璃彩凤表层釉脱落，构件残损

图五五　上檐翼角琉璃构件残损严重，为了维护其外形，现用彩瓷贴面

图五六　正脊上的脊饰灰条脱落，脊饰残破

图五七　琉璃构件残破后，用水泥砂浆填补

图五八　翼角下端的人物塑像残破

图五九　围脊由缕空浮雕人物故事和吉祥花鸟琉璃件组成，因年久失修，部分琉璃件残损

图六○　屋面上的琉璃构件形制多样，表明历史上大殿曾有过多次维修

图六一　正脊上的大吻为黄绿相间琉璃件，吻面容狰狞，吻嘴巨裂，卷尾近似圆形，黄甲绿翅，背剑独作铁制三叉戟，戟上附日月寿字，寓意"三升三级，寿同日月"，保存较差，残破严重

图六二　屋面瓦坡凸凹不平，捉节夹垅脱裂，漏雨严重

图六三　印有"张春泰"名字的琉璃瓦件

图六四　垂脊上的垂兽

图六五　技术人员正在对需落架的构件进行编号和记录

图六六　技术人员正在对需落架的构件进行编号和记录

图六七　工作人员正在检查木结构损坏情况

图六八　紫霄大殿修缮时搭建的脚手架

图六九　工作人员清洗屋面的琉璃瓦件

图七〇　屋面脊饰残损和散失的，按原样式，原材料重新进行制作烧制。图为技术人员正在制作脊饰

图七一　技术人员修复正脊

图七二　技术人员加固正吻

图七三　施工人员正在宽瓦

图七四　工程技术人员正在修补额枋上的彩绘

图七五　对斗栱进行彩绘

图七六　大木构件添配和铁件加固

图七七　大木构件添配和铁件加固

图七八　大木构件铁件加固

图七九　大木构件挖补、添配情况

图八〇　角梁安装

图八一　大木构件制安、归位

图八二　屋面望板铺装

图八三　老角梁归安

图八四　铺订望板

图八五　飞椽添配

图八六　椽子归安

图八七　内槽斗栱修补、
添配

图八八　隔架科斗栱修
补、添配

图八九　外檐斗栱修补、
添配

图九〇　大木构件制安、归位

图九一　角梁制安

图九二　大殿封顶

图九三　紫霄大殿全景图

图九四　紫霄宫全景

图九五 修复后的紫霄大殿侧面

图九六　竣工后的紫霄大殿

图九七　修复后的紫霄大殿月台

图九八　大殿正立面油漆彩绘后的效果

图九九　修复后的彩绘

图一〇〇　后檐补配的彩绘

图一〇一 外檐油漆彩绘后的整体效果

图一〇二　清理后额枋上彩绘"广成子说道"图

图一〇三　清理后额枋上彩绘"哪吒闹海"图

图一〇四　经清理和修整后额枋上彩绘"琴高跨鱼"图

图一〇五　上檐中间悬有"紫霄殿"匾额，匾额斗板上彩绘的明皇色游龙图案，为明代文物

图一〇六　大殿屋檐上悬挂的匾额

图一〇七　大殿翼角

图一〇八　下檐翼角翔凤琉
璃彩塑

图一〇九　上檐翼角饰飞龙，下檐翼角饰彩凤，龙飞凤舞，是典型的江南作法

图一一〇　修缮后的屋面

图一一一　垂脊上的护法灵官　　　　　　　　图一一二　上檐翼角飞龙与八仙彩塑

图一一三　翼角上的八仙彩塑

图一一四　下檐翼角

图一一五　上檐翼角上的琉璃飞龙

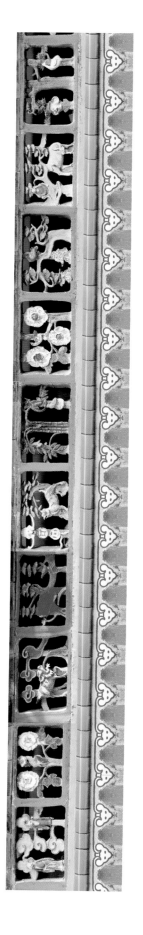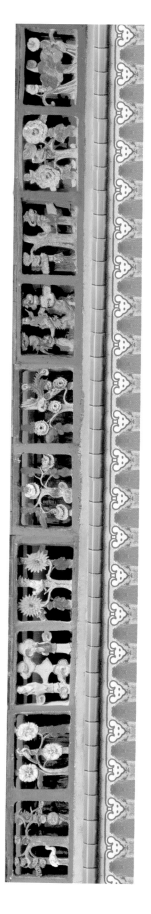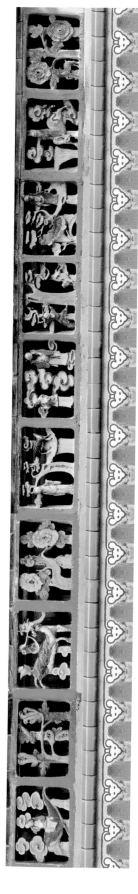

图一一六　维修后的围脊脊饰由镂空浮雕琉璃件拼成，题材有《福、禄、寿三星》、《老子出关》、《刘海戏蟾》、《王乔骑鹤飞升》和《渔、樵、耕、读》及寓意吉祥的花鸟等人物故事

图一一七　殿内的主神龛

图一一八　金童、火将军铜铸彩塑神像

图一一九　玉女、水将军铜铸彩塑神像

图一二〇　马天君、温天君铜铸彩塑神像

图一二一　维修中发现正脊宝瓶内装有清
代铜钱

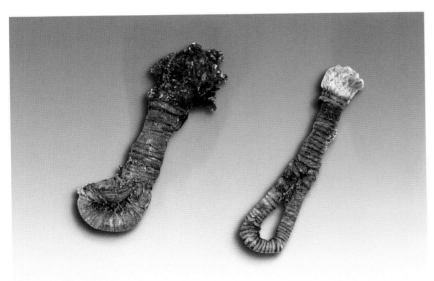

图一二二　殿内梁架上遗留有清代裱糊使
用的工具

图一二三　柱头科和角科座斗下压着的纸
质图案纹样

图一二四　维修中，发现三架梁上留有蒺藜，以防止鸟兽在此做巢

图一二五　蒺藜放在歇山两侧的通风口，是古代防止鸟兽进入殿内的一种做法

图一二六　维修中发现的特殊构件，因其外形似一个油瓶的瓶嘴，故名油瓶嘴瓦。在宋代比较流行

图一二七　联合国教科文组织世界文化遗产中心专家考斯拉先生、苏闵塔迦先生，对我国申请列入《世界遗产名录》的武当山古建筑群进行实地考察

图一二八　考斯拉先生、苏闵塔迦先生考察了正在维修中的紫霄大殿施工现场

图一二九　考斯拉先生、苏闵塔迦先生接
受中央电视台采访

图一三〇　考斯拉先生、苏闵塔迦先生对
正在维修中的紫霄大殿给予了极高的评价

图一三一　考察中的考斯拉先生、苏闵塔
迦先生

图一三二　全国政协委员、著名古建筑专家、国家文物局专家组组长罗哲文考察紫霄大殿维修工程

图一三三　国家文物局文物处郭旃考察正在维修的紫霄大殿

图一三四　省、地、市文化主管部门负责人检查维修紫霄大殿的材料

图一三五 省、地、市文化主管部门负责人检查维修紫霄大殿的材料

图一三六 维修办公室祝建华、王光德、朱道琼三位负责同志，正在商讨维修工作

图一三七　国家文物局、建设部专家罗哲文、郑孝燮考察正在维修的紫霄大殿

图一三八　罗哲文先生题词

图一三九　单士元先生题词

紫霄大殿